机电创新基础

主　编　楼梅燕　林　峰　陈景琳

副主编　彭　晨　戴飞铭　谢　曦（企业）

北京理工大学出版社

BEIJING INSTITUTE OF TECHNOLOGY PRESS

图书在版编目（CIP）数据

机电创新基础 / 楼梅燕, 林峰, 陈景琳主编.

北京 : 北京理工大学出版社, 2025.1.

ISBN 978-7-5763-4647-3

Ⅰ. TH122

中国国家版本馆CIP数据核字第 20257FE947 号

责任编辑: 龙　微　　　**文案编辑:** 邓　洁
责任校对: 刘亚男　　　**责任印制:** 李志强

出版发行 / 北京理工大学出版社有限责任公司

社　　址 / 北京市丰台区四合庄路 6 号

邮　　编 / 100070

电　　话 / （010）68914026（教材售后服务热线）

　　　　　　（010）68944437（课件资源服务热线）

网　　址 / http://www.bitpress.com.cn

版 印 次 / 2025 年 1 月第 1 版第 1 次印刷

印　　刷 / 涿州市京南印刷厂

开　　本 / 787 mm × 1092 mm　1/16

印　　张 / 10

字　　数 / 198 千字

定　　价 / 66.00 元

前　言

为全面贯彻习近平新时代中国特色社会主义思想和党的二十大精神，服务人才强国战略，努力培养造就更多创新团队、青年科技人才、卓越工程师、大国工匠、高技能人才，推动制造业高端化、智能化、绿色化发展，本教材着力提升学生的综合素质及专业技术技能水平，强调学生创新精神的养成，鼓励学生开展自主学习，激发学生立志成才、技术报国的热情。

"创新基础"是高职高专机械制造类专业的一门通识课程。为建设好该课程，编者认真研究专业教学标准和"1+X"职业能力评价标准，开展广泛调研，联合企业制定了毕业生所从事岗位（群）的《岗位（群）职业能力及素养要求分析报告》，并依据《岗位（群）职业能力及素养要求分析报告》开发了《专业人才培养质量标准》，按照《专业人才培养质量标准》中的素质、知识和能力要求要点，注重"以学生为中心，以立德树人为根本，强调知识、能力、素养目标并重"，组建了校企合作的结构化课程开发团队。以生产企业实际项目案例为载体，以任务驱动、工作过程为导向，进行课程内容模块化处理，以"项目+任务"的方式，开发工作页式的任务工单，注重课程之间的相互融通及理论与实践的有机衔接，形成多元多维、全时全程的评价体系，并基于互联网，融合现代信息技术，配套开发丰富的数字化资源，编写成活页式教材。

本教材以工作页式的任务工单为载体，强化项目导学、自主探学、合作研学、展示赏学和检测评学，在课程、学生地位、教师角色、课堂、评价等方面全面改革，在评价体系中强调以立德树人为根本，素质教育为核心，突出技术应用，强化学生创新能力的培养。

福州职业技术学院教材编写委员会机电工程学院专委会负责对教材的系统策划、编写提纲审定和编写过程总把关，并对书稿内容进行多次认真审阅，针对理念贯彻、框架结构、内容选取、编写体例、语言文字等细节问题提出了许多明确的修改意见，几易其稿，方才定稿。

本教材由福州职业技术学院机电设备技术、数字化设计与制造技术、数控技术、机械制造与自动化等专业教师合作完成。楼梅燕、林峰作为本教材主编人员与参编老师共同研讨了教材结构设计、内容选取和呈现形式等。楼梅燕编写了项目1和项目2；彭晨编写了项目 3；林峰编写了项目 4；陈景琳和谢曦编写了项目 5；戴飞铭编写了项目 6。福州职业技术学院的楼梅燕完成最后统稿。特别感谢福建新大陆时代科技有限公司在教材编写过程中给予的大力支持与帮助。

本教材在编写理念、结构、内容、体例等方面进行了大胆的探索和创新，但难免存在一些不足、缺陷甚至错误，希望广大读者对此提出批评和改进建议。

本教材在编写过程中参考了大量的文献和研究资料，除参考、选取了列举于教材后"参考文献"中的部分内容外，还参考了其他著作、书籍、报刊及网络资料，吸收了很多有益的见解和精彩的案例。在此一并表示感谢！由于编者水平和时间所限，书中难免有疏漏之处，敬请各位专家、老师和同学不吝赐教。

本教材不仅可以作为普通高等学校机电类专业的创新创业教育通识或基础课程教材，也可作为企事业单位和政府部门创新能力培训教材，同时也适用于不同职业、不同年龄、不同学历的各界人士阅读，是一本开发创新思维、掌握创新方法、提高创新能力、培养创新型人才的较为系统的教材。

编　者

目　录

项目 1　课前准备工作 ··· 1

项目 2　创新思维与创新方法的运用 ·· 4

任务 2.1　创新思维在产品设计中的运用 ·· 4
  2.1.1　任务描述 ··4
  2.1.2　任务目标 ··4
  2.1.3　获取信息 ··5
  2.1.4　任务实施 ··6
  2.1.5　任务评价 ··7
  2.1.6　相关知识与技能 ··8

任务 2.2　创新方法在产品设计中的运用 ·· 24
  2.2.1　任务描述 ··· 24
  2.2.2　任务目标 ··· 24
  2.2.3　获取信息 ··· 24
  2.2.4　任务实施 ··· 25
  2.2.5　任务评价 ··· 27
  2.2.6　相关知识与技能 ·· 28

项目 3　产品设计与人机工程 ·· 48

任务 3.1　人机工程学的认知和应用 ··· 48
  3.1.1　任务描述 ··· 48
  3.1.2　任务目标 ··· 48
  3.1.3　获取信息 ··· 49
  3.1.4　任务实施 ··· 49

3.1.5 任务评价 ·· 51

3.1.6 相关知识与技能 ·································· 51

任务 3.2 产品设计与人机工程学的结合 ·········· 55

3.2.1 任务描述 ·· 55

3.2.2 任务目标 ·· 55

3.2.3 获取信息 ·· 56

3.2.4 任务实施 ·· 57

3.2.5 任务评价 ·· 58

3.2.6 相关知识与技能 ·································· 59

项目 4 产品说明书编写 ·· 64

任务 4.1 认识产品说明书 ································ 64

4.1.1 任务描述 ·· 64

4.1.2 任务目标 ·· 64

4.1.3 相关知识与技能 ·································· 65

4.1.4 任务实施 ·· 67

4.1.5 任务评价 ·· 69

任务 4.2 创新思维在产品设计中的运用 ·········· 69

4.2.1 任务描述 ·· 69

4.2.2 任务目标 ·· 70

4.2.3 相关知识与技能 ·································· 70

4.2.4 任务实施 ·· 72

4.2.5 任务评价 ·· 81

任务 4.3 编写产品使用说明书 ························ 82

4.3.1 任务描述 ·· 82

4.3.2 任务目标 ·· 82

4.3.3 相关知识与技能 ·································· 83

4.3.4 任务实施 ·· 84

4.3.5 任务评价 ·· 98

项目 5 专利申请与文件撰写 ···································· 99

任务 5.1 填写专利请求书 ································ 99

5.1.1 任务描述 ·· 99

5.1.2 任务目标 ···100

5.1.3 获取信息 ·· 100

5.1.4 任务实施 ·· 100

5.1.5 任务评价 ·· 103

5.1.6 相关知识与技能 ···································· 104

任务 5.2　撰写专利说明书和说明书摘要 ···················· 107

5.2.1 任务描述 ·· 107

5.2.2 任务目标 ·· 108

5.2.3 获取信息 ·· 108

5.2.4 任务实施 ·· 109

5.2.5 任务评价 ·· 110

5.2.6 相关知识与技能 ···································· 110

任务 5.3　撰写权利要求书 ································ 114

5.3.1 任务描述 ·· 114

5.3.2 任务目标 ·· 114

5.3.3 获取信息 ·· 114

5.3.4 任务实施 ·· 115

5.3.5 任务评价 ·· 116

5.3.6 相关知识与技能 ···································· 116

项目 6　创新创业大赛及创业计划书 ···················· 123

任务 6.1　创新创业大赛 ·································· 123

6.1.1 任务描述 ·· 123

6.1.2 任务目标 ·· 123

6.1.3 获取信息 ·· 124

6.1.4 任务实施 ·· 124

6.1.5 任务评价 ·· 125

6.1.6 相关知识与技能 ···································· 126

任务 6.2　创业计划书 ···································· 132

6.2.1 任务描述 ·· 132

6.2.2 任务目标 ·· 133

6.2.3 获取信息 ·· 133

6.2.4 任务实施 ·· 134

6.2.5 任务评价 ·· 136

6.2.6 相关知识与技能 ···································· 136

项目1 课前准备工作

1.课程的目的

机电创新基础课程是培养学生创新能力的通识基础课，使学生对其有基本的理解，激发学生产生创新兴趣，通过问题和案例引导式学习，帮助学生掌握一定的创造技法和发明方法，提高学生的创新能力，为他们的专业学习和创新能力打下基础。

2.课程的内容

课程主要包括5个方面的内容：创新思维与创新方法、产品设计与人机工程、产品说明书编写、专利申请与文件撰写、创新创业大赛及项目计划书。本课程通过丰富的案例、通俗的语言、简单的活动深入浅出地揭示了创造的基本理论及规律。课程体系严谨，知识点明确，条理清晰，内容可操作性强，同时形式又很活泼多样，让学生在轻松愉悦的氛围里洞悉创新的原理，把握创新的规律，激发学生乐于创新的动机，提高学生敢于创造的信心，夯实学生善于创造的能力。

（1）设计项目

机电产品创新设计。

（2）内容

① 创新思维在产品设计中的运用。

② 创新方法在产品创新设计中的运用。

③ 人机工程学的认知和应用。

④ 产品设计与人机工程学的结合。

⑤ 编写产品创新设计说明书。

⑥ 编写产品使用说明书。

⑦ 填写专利请求书。

⑧ 编写专利说明书和说明书摘要。

⑨ 编写权利要求书。

⑩ 创新创业大赛介绍。

⑪ 编写创业计划书。

3.学生分组表

采用扑克牌分组法，6人一组，对班级学生进行分组。分组完成后，有序坐好，小组讨论组名、组训和小组LOGO，营造小组凝聚力和文化氛围，确定每个任务时的任务分工，并完成表1-1的填写。在任务实施过程中，任务分工采用班组轮值制度，让每个人都有锻炼不同能力的机会。通过小组协作，培养学生团队合作、互帮互助的精神和协同攻关的能力。

表1-1　学生分组表

组名		小组 LOGO	
组训			
团队成员	学号	角色指派	职责

4.课程学习中常见的问题

① 如何学习本课程？

创新本身就是一场目的地未知的旅行，课程所授的思维与技法的作用并不是告知你目的地在哪，而是帮助你尽可能有效率地找到属于你的目的地。这些思维与技法是否有效，除了与方法本身的规律和原理有关，还与使用者的经验、人格特质、能力倾向等有关，简言之，创新的思维与技法并非是普适的，相同的一个技法，有的人会觉得适用，有的人则觉得无效。那这些方法究竟适不适合你呢，这就需要你结合作业来亲自进行实践，所以在学习本课程的过程中要尽量结合自己的经验和课程所授程序、策略完成好每一次作业，在学习和实践的过程中慢慢体察和反思思维与方法的有效性，思考哪一种思维与方法对于你来说使用起来更加得心应手。

② 学习完这门课是否能够提升创新能力？

可能每个学习者在学习这门课程之前都会质疑一个问题，那就是创新能力能否通过课程被"教会"？坦白地讲，创新能力确实没有办法教授。但是一些有助于启发创新思维和激发创新行为的方式和方法却是可以教授的。当然，这些方法也不是一学便会，而是需要长期地运用和认真地感悟才能够真正内化于你的能力体系中，从而提升你的创新能力。另外，创新能力的提升除了与思维习惯和创造技法相关之外，还需要在日常生活中有意塑造和培养自己的创新意识和品格，这样才能随时发现创新的机会，体会创新的乐趣，并在某些复杂和艰难的创新过程中坚持下来。

项目2　创新思维与创新方法的运用

任务2.1　创新思维在产品设计中的运用

2.1.1　任务描述

思维具有非凡的魔力，只要你学会运用它，你也可以像爱因斯坦一样聪明并具有创造力。世界上绝大多数人都拥有一定的创新天赋，但大多数人盲从于习惯，盲从于权威，不愿与众不同，不敢标新立异，所以成功的只有少数人。在任务2.1中，我们将要学习几种主要创新思维的程序和步骤，同学们要学会运用创新思维进行创新设计，提高自己的创新能力。

2.1.2　任务目标

1. 知识目标
① 理解并掌握创新思维的概念、特性。
② 理解创新思维的过程。
③ 理解并掌握思维定式的类型。
④ 理解并掌握运用创新思维的方法。

2. 技能目标
① 理解创新思维的基本活动。
② 理解并能运用创新思维进行产品设计。
③ 会查阅相关的设计资料。
④ 会分析和调整设计中出现的问题。

3. 素质目标
① 养成严谨科学的工作态度。

② 具有较强的学习能力。

③ 具有敏锐的市场洞察力。

④ 具有团队协作精神。

2.1.3 获取信息

引导问题 1：创新思维和一般思维的区别是什么？

_____

_____

引导问题 2：请针对每一种创新思维定式，举一个现实中的例子。

_____

_____

引导问题 3：思维方式测试，扫描二维码答题，并填写表 2-1。

表 2-1　测试成绩表

	男性	女性
A 的个数 ×15 分		
B 的个数 ×5 分		
C 的个数 ×（−5）分		
总分		

分析结果如下。

① 多数男性的分数会分布在 0 ~ 180 分；多数女性的分数会分布在 150 ~ 300 分。

② 分数低于 150 分，偏理性化。分数越接近 0 分就越理性化。他们有很强的逻辑观念、分析能力、说话技巧，很自律，也很有组织性，不容易受到情绪的影响。

③ 分数在 150 ~ 180 分的人，他们的思考方式拥有两性的特质。他们对理性和感性都没有偏见，并在解决问题方面，反应会比较灵活，能找出最佳的解决方法。

④ 分数高过 180 分，偏感性化。分数越高，大脑就越感性化。他们富有创意，有音乐艺术方面的天分，会凭直觉与感觉做决定，并擅长用很少的资讯判断问题。

⑤ 分数低于 0 分的男性或高于 300 分的女性，他们大脑的构造是完全不同的。他们唯一相同之处大概是生活在同一星球——地球上吧！

_____

_____

引导问题 4：你的思维方式有哪些障碍？如何突破？

_____

_____

2.1.4 任务实施

1. 逆向思维训练

（1）哭笑娃娃

游戏目的：在迅速反应中发展思维的逆向性和流畅性。

游戏玩法：一起玩"石头、剪刀、布"的游戏，每次赢的一方要做"哭"的动作，输的一方则要做"笑"的动作，谁先做错谁就被淘汰。

（2）反口令

游戏目的：训练思维的逆向性及思维的敏捷性。

游戏玩法：根据口令做相反的动作，例如，一个人说"起立"，另一个人就要坐着不动；一个人说"举左手"，另一个人就要举右手；一个人说"向前走"，另一个人就要往后退。谁先做错谁就被淘汰。

2. 发散思维训练

① 请在 5 min 内尽可能多地写出带有数字一至十的词汇，如一心一意等；与朋友比比，写得最多又无错误的为胜。

② 尽可能多地说出冰块的用途。

③ 设计出更漂亮新颖的伞。

④ 尽可能多地列出肥皂的用途。

⑤ 尽可能多地写出"缓解上班高峰期电梯拥挤"的方法。

⑥ A 能够影响 B，例如，书籍能够影响人的身心。写出另外 4 种 A 和 B。

⑦ 用 5 个关键词编故事，看谁的思维最发散。

规则：所编故事一定要用到所有关键词，无先后次序，长短不限，看谁编得最好。

关键词：古怪、台风、一棵树、杂货店、天使。

3. 集中思维训练

① 下列各词，哪一个与众不同？

a. 房屋、冰屋、平房、办公室、茅舍。

b. 沙丁鱼、鲸鱼、鳕鱼、鲨鱼、鳗鱼。

② 假如你是一个钟表商店的经理，门前要挂两个大的钟表模型，你认为时针和分针摆在什么位置上最好？

③ 三个孩子中有一个人偷吃了苹果，只有一个人说了真话，请找出偷吃苹果的孩子，并说明原因。

小明："我向来守规矩，没有偷吃苹果。"

小兵："不，小明撒谎。"

小刚："小兵胡说。"

4. 联想思维训练

① 列出以下事物的相似之处，越多越好。

a. 桌子和椅子。

b. 人才市场和商品市场。

c. 工厂和学校。

② 遇到交通堵塞，车辆排起了长龙，你会有什么联想？

③ 看到新生入学的场景，你会联想到哪些相近的事物？

④ "举头望明月，低头思故乡"是诗人在描写异乡客触景生情、思念家乡的思维活动，诗人是用什么联想方式进行描述的？

⑤ 木头和皮球是两个风马牛不相及的概念，但可以通过联想这一媒介，使它们发生联系：木头—树林—田野—足球场—皮球。

那么，请同学想一想：天空和茶有什么联系；钢笔和月亮有什么联系。

5. 逻辑思维训练

① 在 8 个同样大小的杯中，有 7 杯盛的是凉开水，1 杯盛的是白糖水。如何只尝 3 次，就找出盛白糖水的杯子？

② 假设有一个池塘，里面有无穷多的水。现有 2 个空水壶，容积分别为 5L 和 6L。如何只用这 2 个水壶从池塘里取得 3L 的水？

③ 一个人花 8 元买了一只鸡，9 元卖掉了，他觉得不划算，花 10 元又买回来了，11 元卖给另外一个人。问他赚了多少？

④ 烧一根不均匀的绳要用 1 h，如何用它来判断 0.5 h?

2.1.5 任务评价

每组完成自我评价表，并对其他组进行评价。

班级		组名		日期	年　月　日	
评价指标	评价内容			分数	自评分数	他评分数
信息收集能力	能有效利用网络、图书资源查找有用的相关信息			10		
辩证思维能力	能发现问题、提出问题、分析问题、解决问题			15		
参与态度与沟通能力	积极主动地与教师、同学交流，相互尊重、理解、平等			5		
	能处理好合作学习和独立思考的关系，能提出有意义的问题或能发表个人见解			5		

评价指标	评价内容	分数	自评分数	他评分数
创新能力	创新点的独创性和实用性，以及创新是如何改进产品性能或用户体验的	15		
内容正确度	内容正确，表达到位	30		
素质素养评价	团队合作、课堂纪律、自主研学	10		
汇报表述能力	表述准确、语言流畅	10		
总分		100		

2.1.6 相关知识与技能

案例1：阿西莫夫的思维定式

美国科普作家阿西莫夫曾经讲过一个关于自己的故事。阿西莫夫从小就聪明，年轻时多次参加智商测试，得分总在160左右，属于"天赋极高者"，他一直为此扬扬得意。有一次，他遇到一位汽车修理工，是他的老熟人。修理工对阿西莫夫说："嗨，博士！我来考考你，出一道思考题，看你能不能回答正确。"阿西莫夫点头同意。修理工便开始说思考题："有一位聋哑人，想买几根钉子，来到五金商店，对售货员做了这样一个手势——左手两个指头立在柜台上，右手握拳做出敲击的样子。售货员见状，先给他拿来一把锤子；聋哑人摇摇头，指了指立着的那两根指头。于是售货员就明白了，聋哑人想买的是钉子。聋哑人买好钉子，刚走出商店，就进来一位盲人，这位盲人想买一把剪刀。请问，盲人将会怎样做？"阿西莫夫顺口答道："盲人肯定会这样。"说着，伸出食指和中指做出剪刀的形状。汽车修理工一听笑了："哈哈，你答错了吧！盲人想买剪刀，只需要开口说'我买剪刀'就行了，他干吗要做手势呀？"

智商160的阿西莫夫，这时不得不承认自己确实是个"笨蛋"。而那位汽车修理工人却得理不饶人，用教训的口吻说："在考你之前，我就料定你肯定要答错，因为，你所受的教育太多了，不可能很聪明。"

【案例点评】

修理工所说的受教育多与不可能聪明之间的关系，并不是人学的知识多了反而会变笨，而是因为人的知识和经验多了，会在头脑中形成较多的思维定式。这种思维定式会束缚人的思维，使思维按照固有的路径展开。

【相关知识链接】

1. 创新思维

创新思维是以新颖独特的方式对已有信息进行加工、改造、重组和迁移，从而获得有效创意的思维活动和方法。从这个概念中可以看出，创新思维是一个相对于常规思维而言的概念。在创新过程中，当应用常规方法和途径无法解决新遇到的问题，或应用常规方法解决问题成本过高时，往往需要新的思维指导人们寻找解决问题的新方法和新途径。这种新的思维必然要有别于常规的思维，以一种新的、独特的方式处理（加工、改造、重组和迁移）信息，或重新定义问题，从而引导人们获得有效的创意并解决问题。创新思维往往需要打破常规思维形成的思维定式，属于思维的高级形式，是人类探索事物本质，获得新知识、新能力的有效手段。

典型的创新思维活动主要包括分析和综合、比较和概括、抽象和具体、迁移、判断和推理、想象等，人们总是通过这些思维活动获得对客观事物更全面、更本质的认识。

思维的过程经历了五个阶段：感受到困难或难题，即有疑难的情境引发思维的冲动；定位和定义困难或难题，即确定疑难究竟在什么地方；提出解决问题的种种假设，想到可能的答案或解决办法；对假设进行推理，看哪个假设能解决当前困难；通过进一步观察、试验和证实，肯定或否定自己的结论，即树立信念或放弃信念。在实际应用的过程中，有的阶段可以拼合，有的阶段则历程甚短，甚至不会被人察觉。因此，五个阶段并不是固定不变的，应随具体情况而定。

2. 思维定式

心理学家认为，思维是人脑对客观事物概括的、间接的反映。从字面上理解思维的含义，思就是思考，维就是方向，思维可以理解为沿着一定方向进行思考。人的大脑思维有一个特点，就是一旦沿着一定的方向、按照一定的次序思考，久而久之，就会形成一种惯性。也就是说，这次通过思考解决了一个问题，下次遇到类似的问题或表面看起来相似的问题时，会不由自主地还是沿着上次思考的方向或次序去思考，这种情况称作思维惯性。就像物理学里的惯性一样，思维惯性也很顽固，不容易克服。

如果对自己长期从事的事情或日常生活中经常发生的事物产生了思维惯性，多次以这种惯性思维来对待客观事物，就会形成非常固定的思维模式，即思维定式。

思维定式积极的一面表现为思维活动的稳定性、模式化、一致性和趋同性。在环境不变的条件下，思维定式使人能够应用已掌握的方法迅速解决问题或形成良好的秩序。思维定式消极的一面表现为思维活动的惰性、僵化、求同性、封闭性和单向性。在情境发生变化时，思维方式会妨碍人采用新的方法解决问题，往往会成为认识、判断事物的思维障碍。思维定式的力量很强，而且难以察觉，在解决问题时，潜意识中的抑制力促使人们沿着"思维惯性的方向"去做事，将人的思维方式局限在已知的、常规的解决方案上，从而阻碍了新方案的产生。因此，从创新的观点看，思维定式是有害的。

案例 2：灰姑娘的故事可以这样教

老师先请一个学生上台给同学讲一讲灰姑娘的故事。这个学生很快讲完了，老师对他表示了感谢，然后开始向全班提问。

老师：你们喜欢故事里面的哪一个人？不喜欢哪一个人？为什么？

学生：喜欢灰姑娘，还有王子，不喜欢她的后妈和后妈带来的姐姐。灰姑娘善良、可爱、漂亮。后妈和姐姐对灰姑娘不好。

老师：如果在午夜 12 点的时候，灰姑娘没有来得及跳上她的南瓜马车，你们想一想，可能会出现什么情况？

学生：灰姑娘会变成原来脏脏的样子，穿着破旧的衣服。哎呀，那就惨啦。

老师：所以，你们一定要做一个守时的人，不然就可能会给自己带来麻烦。

老师：孩子们，下一个问题，灰姑娘的后妈不让她去参加王子的舞会，甚至把门锁起来，她为什么能够去舞会，而且成为舞会上最美丽的姑娘呢？

学生：因为有仙女帮助她，给她漂亮的衣服，还把南瓜变成马车，把狗和老鼠变成仆人。

老师：对，你们说得很好！想一想，如果灰姑娘没有得到仙女的帮助，她是不可能去参加舞会的，是不是？

学生：是的！

老师：如果狗、老鼠都不愿意帮助她，她能在最后的时刻成功地跑回家吗？

学生：不能，那样她就可以成功地吓到王子了。（全班大笑）

老师：虽然灰姑娘有仙女帮助，但是，光有仙女的帮助还不够。所以，孩子们，无论走到哪里，我们都是需要朋友的。

下面，请你们想一想，如果灰姑娘因为后妈不愿意让她参加舞会就放弃了这个机会，她还能成为王子的新娘吗？

学生：不能！那样的话，她就不会到舞会上，也就不会被王子遇到、认识和爱上了。

老师：最后一个问题，这个故事有什么不合理的地方？

学生：（过了好一会儿）午夜 12 点以后所有的东西都要变回原样，可是，灰姑娘的水晶鞋没有变回去。

老师：天哪，你们太棒了！你们看，就是伟大的作家也有出错的时候，所以，出错不是什么可怕的事情。我担保，如果你们当中谁将来要当作家，一定比这个作家更棒！

你们相信吗？

孩子们欢呼雀跃。很棒的老师！

【案例点评】

从全新的角度讲解传统的灰姑娘的故事，能够启发学生独立思考、主动思考，培养学生批判性聆听、批判性思维、批判性阅读的能力。

【相关知识链接】

1. 逻辑思维

逻辑思维是人们在认识过程中借助于概念、判断、推理等思维形式能动地反映客观现实的理性认识过程，又称理论思维。它是作为对认识的思维及其结构和起作用的规律进行分析而产生和发展起来的。只有经过逻辑思维，人们才能达到对具体对象本质规律的把握，进而认识客观世界。它是人类认识的高级阶段，即理性认识阶段。

逻辑思维又称抽象思维，是思维的一种高级形式。其特点是以抽象的概念、判断和推理作为思维的基本形式，以分析、综合、比较、抽象、概括和具体化作为思维的基本过程，从而揭露事物的本质特征和规律性联系。

逻辑思维的素养与逻辑学基础知识相关。但掌握逻辑知识不等于自然地具有逻辑素养。一般来说，在逻辑素养的构成中，相关的知识不是以知识形态存在的，而是以直觉形态存在的。人作为一种理性动物，天生就会逻辑思维。对于未受过专门训练的普通人来说，有些逻辑知识无师自通，属于强直觉。掌握知识，需要学习；把知识转化为直觉，需要训练。逻辑思维更需要训练而不是记忆。通过学习和训练，掌握相关知识，把知识转化为直觉，把较弱的直觉思维转化为较强的直觉思维，这就是提高逻辑素养的含义，也是培养逻辑思维的主旨。

2. 批判性思维

批判性思维又称批判思考或批判性思考，是 critical thinking 的直译。critical thinking 在英语中指怀疑的、辨析的、推断的、严格的、机智的、敏捷的日常思维，审慎地运用推理去判定一个断言是否为真。当我们在判断某个创意好不好的时候，我们就在进行批判性思维。

批判性思维不是指断言的真假本身，不是否定性思维，而是指对我们面临的断言进行评估。由于思想决定行动，我们如何评判自己的思想和观念往往就决定了我们的行动是否明智。在现代社会，培养学生的批判性思维被普遍确立为教育（特别是高等教育）的目标之一。

案例3：从大自然中获取灵感

路易吉·克拉尼出生于德国，是当代著名的工业产品设计师。克拉尼小时候非常喜欢玩具，但他的父亲却从来没给他买过一件现成的玩具，只是买一些零散的玩具部件让他组装。小克拉尼凭着自己的想象力"制造"了一批又一批的玩具，他渐渐地沉醉于创造性的活动中。

中学毕业后，克拉尼进入柏林美术研究所，在那里钻研绘画和雕刻。19岁时，克拉尼在巴黎一家杂志社工作。在这期间，克拉尼因自行设计并发表了一种新奇巧妙的"未来汽车图"而引起了希姆公司密歇尔先生的注意。密歇尔找到了这位年轻人，让他设计用玻璃纤维制造的汽车。克拉尼欣然应允后夜以继日地工作，获得了成功。也就是从这时起，克拉尼走上了汽车设计师的道路。

克拉尼善于从自然界中不断获取灵感，他认为大自然本身就是最杰出的设计师。

鸟在空中翱翔，这是一个司空见惯的现象，但克拉尼对此却产生了浓厚的兴趣。他经过认真观察和研究后发现：鸟翅膀上面气流流动的速度较快，压力较低，翅膀下面恰恰相反，向上的升力因而产生，这就是鸟能飞翔的奥秘所在。克拉尼想：如果把鸟翅膀的上下颠倒过来用在汽车上，那会怎么样呢？他经过深入研究发现：当车身下表面呈外凸流线型时，气流经过下面时速度要比一般下表面呈直线型的汽车快得多，这样汽车下部的气压相应要低些，空气对汽车的阻力因此会相对减小，汽车就可以获得较高的速度。这种上下都呈流线型的汽车称为"克拉尼"型汽车，能使空气的阻力减小到最低限度。由于克拉尼的设计与传统的汽车设计差异非常大，人们一时不愿意接受他的观点。后来，世界能源日趋紧张，人们才意识到降低汽车燃料消耗已成为当务之急。而要做到这点，除减轻汽车重量外，还要求助于空气动力学。于是，包括雪铁龙、菲亚特在内的名牌汽车制造厂商纷纷登门，请求克拉尼为他们设计能减小空气阻力的汽车样式，克拉尼因此声名大噪。

克拉尼仍然不懈地追求，他说："自然本身有着最杰出的样式，我不过是从自然中得到启发，将自然设计的样式进行翻译而已。"克拉尼设计的性能卓越的飞机，外形使人联想到体态优美的鲨鱼或红鱼；他仿照自然形态设计的浴缸、卧床及其他日用品也深受欢迎。

【案例点评】

克拉尼的成功就是运用了联想思维，这是一种非常重要的形象思维，在人类的思维活动中起着基础性的作用。

【相关知识链接】

1. 形象思维

形象思维（imagery thinking）又称直感思维，是指以具体的形象或图像为思维内容的思维形态，它是人的一种本能思维，是人们在认识世界的过程中对事物表象进行取舍时形成的，是用直观形象的表象来解决问题的思维方法。形象思维是在对传递形象信息的客观形象体系进行感受和储存的基础上，结合主观的认识及情感进行识别（利用审美判断和科学判断等），并用一定的形式、手段和工具（文学语言、线条色彩、节奏旋律及操作工具等）来创造和描述形象（包括艺术形象和科学形象）的一种基本的思维形式。

形象思维不但存在于文学艺术创作领域，而且在科学研究、发明创造、技术应用等不同领域，乃至日常生活中都被广泛运用。

在科学研究过程中，物理学家观察、识别并描述光和电的物理现象；化学家想象并设计复杂的分子模型；天文学家观测满天繁星的夜空，想象银河星系的形态等。

在工程技术和生产过程中，工程师构思设计建筑物或机器零件的模型；炼钢工人从钢水的色彩变化中识别判断转炉的温度；火车司机用小锤敲打车轮，从声音中判断车轮的好坏等。

2. 想象思维

想象思维（imaginary thinking）是人脑通过形象化的概括作用对脑内已有的记忆表象进行加工、改造或重组的思维活动，它是形象思维的具体化，是人脑借助表象进行加工操作的最主要形式。

想象思维的基本元素是记忆表象。表象是人脑对外界事物通过形象储存下来的信息，包括静止的、活动的画面，平面的、立体的画面，有声的、无声的画面，是在大脑中保持的客观事物的形象。人们在看小说时，头脑中会出现各种人物和情景的形象；久别的老朋友偶然相遇时，从前在一起生活、学习或工作的情景就会浮现在自己的眼前，仿佛回到过去一样。这些情景就是表象。

想象思维是个体对已有表象进行加工、产生新形象的过程。想象以记忆表象为基础，但它又不是记忆表象的简单再现，而是以组织起来的形象系统对客观现实的超前反映。建筑设计师根据自己在建筑方面的知识经验，可以设计出建筑物的形象。在他们的想象中，记忆表象的画面就像过电影一样，在脑中涌现，经过组合、夸张、人格化、典型化等加工，形成新的有价值的表象，这时一幢新的建筑物就构思出来了。

3. 联想思维

联想思维是指在人脑内记忆表象系统中由于某种诱因使不同表象发生联系的一种思维活动，它是由一个事物的概念、方法、形象想到另一个事物的概念、方法和形象的心理活动。例如，由此及彼，由表及里，由红铅笔到蓝铅笔，由写到画，由画圆到印圆点，由圆柱到筷子等。

联想可以很快地从记忆里追索出需要的信息，构成一条链，通过事物的接近、对比、同化等条件，把许多事物联系起来思考，可以开阔思路，加深对事物之间联系的认识，并由此形成创造构想和方案。

4. 直觉思维

直觉思维（intuitive thinking）是指不受某种固定的逻辑规则约束而直接领悟事物本质的一种思维形式。直觉作为一种心理现象贯穿于日常生活之中，也贯穿于科学研究之中。

广义上的直觉是指包括直接的认知、情感和意志活动在内的一种心理现象，也就是说，它不仅是一个认知过程、认知方式，还是一种情感和意志的活动。

狭义上的直觉是指人类的一种基本的思维方式，当把直觉作为一种认知过程和思维方式时，便称为直觉思维。狭义的直觉或直觉思维，就是人脑对于突然出现在面前的新事物、新现象、新问题及其关系的一种迅速识别、敏锐而深入的洞察，直接的本质理解和综合的整体判断。简言之，直觉就是直接的觉察。

直觉是一种非逻辑思维形式，对其所得出的结论没有明确的思考步骤，主体对其思维过程也没有清晰的意识。

5. 灵感思维

灵感思维（inspirational thinking）是长期思考的问题受到某些事物的启发忽然得到解决的思维过程。灵感是人脑的机能，是人对客观现实的反映。灵感思维活动本质上就是一种潜意识与显意识之间相互作用、相互贯通的理性思维认识的整体性创造过程。

在人类历史上，许多重大的科学发现和杰出的文艺创作，往往是灵感的智慧之花闪现的结果。例如，德国化学家凯库勒长期从事苯分子结构的研究，一天由于梦见蛇咬住了自己的尾巴形成环形而突发灵感，得出苯的六角形结构式。

灵感思维作为高级复杂的创新思维理性活动形式，它不是一种简单逻辑或非逻辑的单向思维运动，而是逻辑性与非逻辑性相统一的理性思维整体过程。

灵感与创新息息相关，灵感不是唯心的、神秘的东西，它是客观存在的，是思维的特殊形式，是一种使问题瞬间澄清的顿悟，是人在思维过程中带有突发性的思维形式长期积累、艰苦探索的一种必然性和偶然性的统一。

案例 4：微型电冰箱的发明

现在，电冰箱除了可以在办公室、家里使用外，还可安装在野营车上，使人们外出旅游的舒适程度大大提高。

微型电冰箱与家用电冰箱在工作原理上没有区别，其差别只是产品所处的环境不同。日本人把电冰箱的使用环境由家庭转换到了办公室、汽车等场所，有意识地改变了产品的使用环境，引导和开发了人们潜在的消费需求，从而达到了创造需求、开发新市场的目的。

【案例点评】

微型电冰箱的成功主要归功于人们思维方式的发散。通过发散的思维，想出了电冰箱所有可能的使用环境，最终发明了微型电冰箱，改变了许多人的生活方式。

【相关知识链接】

1. 发散思维

发散思维的一般定义是指在解决问题的思考过程中，不拘泥于一点或一条线索，而是从仅有的信息中尽可能扩散开去，不受已经确定的方式、方法、规则或范围等的约束，并从这种扩散的或辐射式的思考中，求得多种不同的解决办法，衍生出不同的结果，如图 2-1 所示。发散思维即产生式思维，运用发散思维将产生观念、解答、问题、事实、行动、观点、方法、规则、图画、概念、文字。

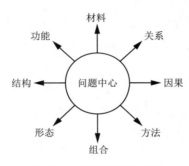

图 2-1　发散思维的辐射

2. 收敛思维

收敛思维是指在解决问题过程中尽可能地利用已有的知识和经验，把众多的信息逐步引导到条理化的逻辑程序中去，以便最终得出一个合乎逻辑规范的结论，如图 2-2 所示。收敛思维是选择性的，在收敛时需要运用知识和逻辑。

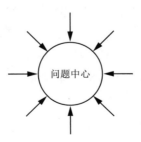

图 2-2　收敛思维的聚焦

3. 横向思维

横向思维是感知过程与思维过程的结合。按传统的心理学理论，感知与思维是不同的心理过程，感知是思维的基础，思维是高级的心理活动。可是在德·波诺看来，创新感知和创新思维是不能截然分开的。横向思维使人们首先通过横向扩大注意力的范围，获得全新的信息，使得信息搜索的过程更富于创造性；再通过自由联想，向主导观念或概念挑战，并进行想象，提出创造性的方案，最后进行综合性的评价。

横向思维的主要特征是对侧向思维的关注。对侧向思维的关注有两层含义：一是解决问题时，故意暂时忘却原来占据主导地位的想法，去寻找原本不会注意的另一思路，即对侧路的注意；二是作为一种解决问题的技巧，不从正面突破，而是迂回包抄，即间接注意法。

4. 纵向思维

纵向思维是一种重分析的传统的科学思维。所谓重分析，就是把研究对象分解成客观存在的各个组成部分，然后分别加以研究。既要分析事物在空间分布上整体的各个组成部分，又要分析事物在时间发展上整个过程的各个阶段，还要分析复杂统一体的各种要素、方面、属性。而且纵向思维按照逻辑的步骤，一步步推演，不能逾越某个阶段。

纵向思维总是循着那些最明显的途径前进，以保证人们最快地获得正确的结果，但这些答案或结果不过是被包括在原有的原理之中的。因此，纵向思维对解决常规问题是有效的、合理的，解决问题的方式比较专业。

5. 两面神思维：正向与逆向互补

正向思维是主流，逆向思维是另辟蹊径。正与逆这两种对立的事物属性加在一起不但不相互拆台，而且还相互补充，增加新的功能，这种思维就是两面神思维。

卢森堡说："两面神思维所指的是同时积极地构想出两个或更多并存的概念、思想或印象。在表面违反逻辑或者反自然法则的情况下，具有创造力的人物制定了两个或更多并存和同时起作用的相反物或对立面，而这样的表述产生了完整的概念、印象和创造。"两面神思维体现了主体对自然规律的深入领悟与思想方法的凝聚和提炼的高度统一，因此在运用的时候，创造的结果与创造的方法同样让人感到美不胜收。

逆向思维是一种具有很强创造性的思维过程和形式。它的创造性来自其自身的特点，即逆向性和求异性。在科学发现和技术发明中，如果正向思维不能解决，那就尝试从相反的方向去思考。逆向思维主要是从事物的固有属性——顺序、结构形状、功能和原理的反演入手，去寻找新的创造思路。

案例5：图像语言的创造力

在文艺复兴时期，绘画和图示等成为与文字语言所记录和传达的知识密切相关的图像语言。达·芬奇和伽利略等文艺复兴时期的著名科学家，通过图像语言来表达想法和思路，颠覆了传统的科学语言和方法。

伽利略运用视觉逻辑的方式来呈现并描述天体运行的状态，这些突破性的成就彻底改变了科学史。达·芬奇的笔记被认为是世界上最有价值的资料之一，如图2-3所示，他在笔记中运用了大量的插画、符号和连线等图像语言来分析问题、理解问题、整理思路，并从中截取突然闪现的创造性设想。这种综合应用图像语言的思考方法，为达·芬奇在哲学、艺术、工程学、生物学等一系列领域中取得成功奠定了基础。我们平时常常用语言或者文字表达自己的想法，你有没有想过用图画来表达自己的想法呢？

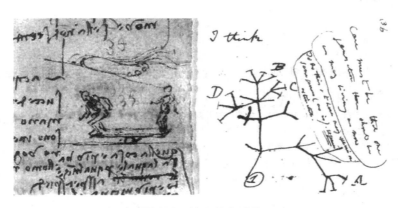

图 2-3　达·芬奇手稿

【案例点评】

图解思维法是一种有效整理思路的方法，可以通过这种方法把大脑中的信息提取后，用图画的方式表达出来。运用这种思考法，可以把许多枯燥的信息高度组织起来，遵循简单、基本、自然的原则，使其变成彩色的、容易记忆的图。

【相关知识链接】

1. 图解思维法

很多企业都将图解思维法应用于企业的研发、决策等环节，比如，美国波音公司将所有的飞机维修工作手册绘成一张长 7.6 m 的思维大导图，使原来要花 1 年以上的时间才能消化的数据，现在只用短短几周就可以使员工了解清楚。波音公司负责人迈克·斯坦利说："使用图解思维是波音公司质量提高的有效手段之一，它帮助我们节省了 1 000 万美元。"

图解思维法可以被视为一种映射技术，它反映了人们内在潜意识层面的信息处理手段。人们用语言文字表达自己的思想和情绪的时候会有防御心理，而用图画来表达的时候则会把真实的自己无保留地展现出来。图画传达的信息比语言和文字表达的信息更丰富、具体、形象。

图解思维法本身就是利用了人们思维加工的过程——能够把复杂的东西简单化，把平面的东西立体化，把抽象的东西具体化，把无形的东西有形化。因此，图解思维法无论是在理解、记忆信息方面，还是在制订计划、解决问题等方面都比语言文字描述具有明显的优势。图解思维法可以帮助我们学习和存储想要的所有信息，并对信息进行系统分类，使思考过程条理清晰、中心明确。图解思维法的应用还可以强化大脑的想象和联想功能，就像在神经元之间建立无限丰富的连接，让人们更有效地把信息放进大脑，或是把信息从大脑中读取出来。

2. 思维导图

思维导图是用图表表现的发散思维。通过捕捉和表达发散思维，思维导图将大脑内部的过程进行了外部呈现。本质上，思维导图是在重复和模仿发散思维，这反过来又放大了大脑的本能，让大脑更加强大有力。

简单地说，思维导图所要做的工作就是更加有效地将信息"放入"我们的大脑，或者将信息从我们的大脑中"取出来"。

思维导图充分运用左右脑的机能，利用记忆、阅读、思维的规律，把各级主题的关系用相互隶属的层级图表形式表现出来，将主题关键词与相关的层级图表联系起来，使主题关键词语、图像、颜色等建立记忆链接。思维导图协助人们在科学与艺术、逻辑与想象之间平衡发展，从而开发人类大脑的无限潜能。

练习与思考

练习 1：你已经习惯了吗？

形式：1~5 人共同参与。

时间：5~10 min。

练习步骤。

① 请一位或更多同学（如所有穿三件套西装的人、所有穿运动夹克的人，或者所有穿风衣的人、所有穿毛衣的人站起来，并脱掉他们的外套）。

② 在他们穿外套时，要求他们注意先穿哪只袖子。

③ 请他们再次脱、穿外套，这一次要先穿另一只袖子。

请做以下思考。

① 在穿外套时颠倒了习惯的穿衣次序会有何感受？在旁观者看来又是怎样的？

② 为什么颠倒了习惯的穿衣次序会显得笨手笨脚的？

③ 是什么阻碍我们采取新的做事方式？我们进行改变时应怎样做才能不让旧的习惯影响到新的行为方式？

练习2：两个淘金者平摊石板上的一堆金沙，没有任何量具。如何分配，才能使每个人都不觉得吃亏？

练习3：在8个同样大小的杯中有7杯盛的是凉开水，1杯盛的是白糖水。你能否只尝3次，就找出盛白糖水的杯子？

练习4：甲和乙进行100 m赛跑。结果，甲领先10 m到达终点。之后，乙再和丙进行100 m赛跑，结果，乙领先10 m取胜。现在甲和丙进行同样的比赛，结果会是怎样？

练习5：第一个事实——电视广告的效果越来越差。一项跟踪调查显示，在电视广告所推出的各种商品中，观众能够记住其品牌名称的百分比逐年降低。第二个事实——在一段连续插播的电视广告中，观众印象较深的是第一个和最后一个，而中间播出的广告留给观众的印象一般来说要浅得多。以下选项如果为真，哪项最能使得第二个事实成为对第一个事实的一个合理解释？（　　）

A.近年来，被允许在电视节目中连续插播广告的平均时间逐渐缩短。

B.近年来，人们花在看电视上的平均时间逐渐缩短。

C.近年来，一段连续播出的电视广告所占用的平均时间逐渐增加。

D.近年来，一段连续播出的电视广告中所出现的广告的平均数量逐渐增加。

练习6：一个美国议员提出，必须对本州不断上升的监狱费用采取措施。他的理由是：现在，一个关在单人牢房里的犯人所需要的费用，平均每天高达132美元。即使在世界上开销最昂贵的城市里，也不难在最好的酒店里找到每晚租金低于125美元的房间。以下哪项能构成对上述美国议员的观点及其论证的恰当驳斥？（　　）

Ⅰ．根据州司法部公布的数字，一个关在单人牢房里的犯人所需的费用，平均每天为125美元。Ⅱ．在世界上开销最昂贵的城市里，很难在最好的饭店里找到每晚的租金低于125美元的房间。Ⅲ．监狱用于犯人的费用，和饭店用于客人的费用，几乎用于完全不同的开支项目。

A. 只有Ⅰ。

B. 只有Ⅱ。

C. 只有Ⅲ。

D. 只有Ⅰ和Ⅱ。

E. Ⅰ、Ⅱ和Ⅲ。

练习7：过去的20年里，科幻类小说占全部小说的销售比例从1%提高到了10%。同时，对这种小说的评论也有明显地增加。一些书商认为，科幻小说销售量的上升主要得益于有促销作用的评论。以下选项如果为真，哪一项最能削弱题干中书商的看法？（　　）

A. 科幻小说的评论，几乎没有读者。

B. 科幻小说的读者中，几乎没有人读科幻小说的评论。

C. 科幻小说评论文章的读者，几乎都不购买科幻小说。

D. 科幻小说的评论文章的作者中，包括因鼓吹伪科学而名声扫地的作家。

练习8：在司法审判中，所谓肯定性误判是指把无罪者判为有罪。否定性误判是指把有罪者判为无罪。肯定性误判就是所谓的错判，否定性误判就是所谓的错放。而司法公正的根本原则是"不放过一个坏人，不冤枉一个好人"。某法学家认为，目前，衡量一个法院在办案中对司法公正的原则贯彻得是否足够好，就看它的肯定性误判率是否足够低。以下选项如果为真，哪项能最有力地支持上述法学家的观点？（　　）

A. 各个法院的办案正确率普遍有明显地提高。

B. 各个法院的否定性误判率基本相同。

C. 错放，只是放过了坏人；错判，则是既放过了坏人，又冤枉了好人。

D. 错放造成的损失，大多是可以弥补的；错判对被害人造成的伤害，是不可弥补的。

练习9：据世界卫生组织1995年的调查报告显示，70%的肺癌患者有吸烟史，其中有80%的人吸烟的历史多于10年。这说明吸烟会增加人们患肺癌的危险。以下哪项最能支持上述论断？（　　）

A.1950年至1970年期间男性吸烟者人数增加较快，女性吸烟者也有增加。

B.虽然各国对吸烟有害进行了大量宣传，但自20世纪50年代以来，吸烟者所占的比例还是呈明显逐年上升的趋势。到20世纪90年代，成人吸烟者达到成人数的50%。

C.没有吸烟史或戒烟时间超过5年的人数在1995年超过了人口总数的40%。

D.1995年未成年吸烟者的人数也在增加，成为一个令人挠头的社会问题。

练习10：清朝雍正年间，市面流通的铸币，其金属构成是铜六铅四，即六成为铜，四成为铅。不少商人出于利计，纷纷熔币取铜，使市面的铸币严重匮乏，不少地方出现以物易物的现象。但朝廷征于市民的赋税，须以铸币缴纳，不得代以实物或银子。市民只得以银子向官吏购兑铸币用以纳税，不少官吏因此大发了一笔。这种情况，雍正之前的明清两朝历代从未出现过。从以上陈述，可推出以下哪项结论。（　　）

Ⅰ. 上述铸币中所含铜的价值要高于该铸币的面值。Ⅱ. 上述用银子购兑铸币的交易中，不少并不按朝廷规定的比价成交。Ⅲ. 雍正以前明清两朝历代，铸币的铜含量，均在六成以下。（　　）

A. 只有Ⅰ。

B. 只有Ⅱ。

C. 只有Ⅲ。

D. 只有Ⅰ和Ⅱ。

E. Ⅰ、Ⅱ和Ⅲ。

练习11：思考如何能在一张3 cm×5 cm的卡片上剪出一个足够大的洞使你的头顺利通过。

练习 12：请思考，怎样只用 4 条相接的直线（每条直线必须相连，而且不能相互重叠），将图 2-4 中的 9 个点连接起来。

图 2-4　练习 12 题图

练习 13：联想思维训练。

请在 1 min 之内，用尽可能少的词语对以下两两一组的词进行联想。

① 体验—网络

② 店家—易怒

③ 丰收—企鹅

④ 同类—三国杀

⑤ 就业—微生物

⑥ 饮用水—电视剧

⑦ 服饰—双赢

⑧ 求职—印章

⑨ 机器人—就餐

⑩ 互联网—留学

练习 14：头脑折纸虚拟练习。

在头脑中想象一张正方形的纸，折叠一次让它可以立体地放在桌面上。试试自己能想出多少种办法。

如果折两次呢？

如果折三次呢？

练习 15：用四根筷子（不许折断）能否搭出一个"田"字？

练习 16：一个人体内有两颗心脏，而且都跳动得很正常。可能吗？

练习 17：在大洋洲的某个村庄里，所有的人都只有一只右眼。可能吗？

练习 18：一年中有些月份有 30 天，有些月份有 31 天。那么有多少个月有 28 天？

练习 19：某地正处于雨季，某天半夜 12 点下了一场大雨。请问，过 72 h 后，该地会不会出现太阳？

练习 20：尝试利用发散思维发明一种新式的台灯。

练习21：找出下面每组词语中与众不同的内容。

①汽车、飞机、摩托车、电动车

②听、看、哭、尝、摸、嗅

③精神、爱、善、光、黑、物质、憎、恶、热、白

练习22：鼠标的新用途。

在2012年柏林消费电子展览会上，出现了很多新奇的产品。如图2-5所示，这款带有扫描功能的鼠标可将压在鼠标下的文档或图片经由内置扫描仪扫描后无线上传至电脑，精确度达到1 200 dpi。当然，经过设置后也可直接上传至社交平台或在线翻译，方便快捷。

图2-5　具有扫描功能的鼠标

你是否还能想到鼠标的新用途？先让思维发散，尽量多地想出主意，不要判断，如读书、吃东西、签字……30 min后再收敛，即对所有设想进行评判，最终选择的方案要像这款具有扫描功能的鼠标一样，自然、合理、可行、有实用价值。

练习23：要求笔不离开纸面，如何用一笔画出图2-6所示的图形？

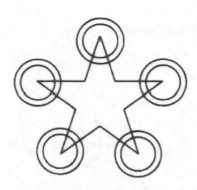

图2-6　一笔画出图形

练习24：如何测量一栋楼的高度？

从最高一层放下一根绳子着地，再量一下绳子的长度；只要量一层的高度，再乘以

层数；用几何的方法；把房子推倒在地上量。毫无疑问，最后一个答案是最可笑的，但是它却是最别出心裁、超出常规的。你想到什么好方法了吗？

练习 25：一位哲学家有一个钟，但他老是忘了上发条。他没有其他钟表或者收音机、电视等可以告诉他时间。所以每次当他的钟停了，他就会去他的朋友家（从一家到另一家只是平路而已）住一个晚上，然后他回家就知道正确的时间了。他是怎样做到的？

练习 26：有 4 个相同的瓶子，怎样摆放才能使其中任意 2 个瓶口的距离都相等呢？

练习 27：雨衣上不能有窟窿，否则雨水就渗进去了，可是因此雨衣透气性不好，透气与防雨成为一对矛盾。你能从传统的防雨工具受到启发，发明既透气又防雨的雨衣吗？

练习 28：有一个荷花池，第一天的时候池中只有 1 片荷叶，但是荷叶的数量每天成倍数增长，第二天 2 片，第三天 4 片……假设在第 30 天时整个池塘全部被荷叶盖满，请问在哪一天时，荷叶铺满湖面的一半？

练习 29：银行有 200 个保险柜，分别从 1~200 对它们进行编号。为了保险起见，每个保险柜的钥匙不能编与柜相同的号码，现在设计一种将钥匙编号的方法——每个保险柜的钥匙用 4 个数字来编号（首位数字可以为 0），从左起的 4 个数字依次是保险柜的编号除以 2、3、5、7 所得的余数，如 8 号保险柜的钥匙编号为 0231，问编号为 1233 的钥匙是几号保险柜的？（　　　）

A. 73　　　　B. 93　　　　C. 123　　　　D. 143

练习 30：你最擅长哪门学科？你擅长必然是因为你牢牢把握了它的来龙去脉。试着在脑海中勾勒出有关这门学科的思维导图吧！

练习 31：发动脑筋，利用思维导图对新型电动车进行创新设计吧！

练习 32：用思维导图进行创新性的设计能够帮助我们更好地厘清创新的思路和创新的策略，可以结合已有的知识和经验利用思维导图对垃圾分类展开思考。

练习 33：个人职业生涯规划可以更好地帮助我们发展自我、认识自我、实现自我、幸福自我，更好地自我剖析、挖掘潜能，更好地明确个人职业发展道路，根据个人职业规划设计思维导图吧！

练习 34：大学期间参加学科竞赛或创新实践的机会很多，如果你参加相关比赛，请利用思维导图的方式进行赛前思路设计。

练习 35：大学大部分时间是靠个人分配，那么你如何安排一周的时间呢？

练习 36：现在国家注重绿色创新发展理念，请你利用思维导图的方式进行绿色房屋的设计。

练习 37：每个人多少都会接触到文案写作，如果是你，你会在写作前怎样构思，用思维导图的方式呈现出来。

练习 38：职业生涯规划大赛对于我们来说很熟悉，如果你想要参赛应该如何进行赛前规划。

任务 2.2　　创新方法在产品设计中的运用

2.2.1　任务描述

　　人们常常感叹自己被习惯性思维、条条框框所约束，不能提出有创意的想法，其实，创新也讲究一定的方法，可通过练习培养出来。创新方法是创新活动的有效智能性工具，可以拓展思路，产生创新成果，能够更好地解决问题，提高创造力和创新成果的实现率。在任务 2.2 中我们将学习几种主要创新方法的程序和步骤，同学们要学会运用创新方法进行创新设计，提高自己的创新能力。

2.2.2　任务目标

1. 知识目标
① 了解创新方法的概念、作用。
② 理解并掌握常见的创新方法的原理、实施步骤。
2. 技能目标
① 学会创新方法的运用。
② 在实际学习、生活、工作中运用相关方法解决问题。
3. 素质目标
① 善于沟通交流。
② 具有知识总结的能力。
③ 具有敏锐的市场洞察力。
④ 具有团队协作精神。

2.2.3　获取信息

引导问题 1：主要有哪些创新方法？
_____

_____

引导问题 2：请针对每一种创新方法，举一个现实中的例子。
_____

_____

引导问题3：思维方式测试，请扫描二维码并答题。

如果 20 道题答案都是打"√"的，则证明创造力很强；如果 16 道题答案是打"√"的，则证明创造力良好；如果有 10 ~ 13 道题答案是打"√"的，则证明创造力一般；如果低于 10 道题答案是打"√"的，则证明创造力较差。你是属于哪一类呢？

_____

_____

2.2.4　任务实施

1. 头脑风暴法训练

针对"如何改善城市拥堵的交通状况"和"如何改变城市空气污染"这两个社会问题，运用头脑风暴法激发学生思考。

① 教师将学生分组，每 3~5 人为一组，选出一个小组记录员。

② 教师提出问题并留给学生 5 min 左右的时间思考，让学生在放松的状态下思考准备。

③ 每小组成员畅所欲言，然后各组派代表汇报结果。

④ 在规定时间内，提出设想最多的小组获胜。

2. 奥斯本检核表法训练

常用的玻璃杯很方便，也很好用，也可以用在很多地方。但它可能还有更多更好的用处我们没有发现，现在就让我们在奥斯本检核表的基础上，再增加些功能和设想并完成表 2-2。

表 2-2　奥斯本检核表法训练

序号	检核项目	发散性设想	初选方案
1	能否他用	作灯罩、当量具、作装饰、作圆规 你的新想法：	装饰品 新方案：
2	能否借用	自热杯、磁疗杯、保温杯、电热杯、音乐杯、防爆杯 你的新想法：	自热磁疗杯 新方案：
3	能否扩大	不倒杯、防碎杯、消防杯、过滤杯、多层杯 你的新想法：	自洁幻影杯 新方案：
4	能否缩小	微型杯、超薄杯、可伸缩杯、勺形杯、扁形杯 你的新想法：	多层杯 新方案：
5	能否改变	塔形杯、动物杯、防溢杯、自洁杯、密码杯、幻影杯 你的新想法：	伸缩杯 新方案：

序号	检核项目	发散性设想	初选方案
6	能否代用	纸杯、一次性杯、竹木制杯、可食用杯、塑料杯 你的新想法：	可食用材质杯 新方案：
7	能否调整	系列装饰杯、系列高脚杯、系列口杯、酒杯、咖啡杯 你的新想法：	系列高脚杯 新方案：
8	能否颠倒	透明不透明、彩色非彩色、雕花非雕花、有嘴、无嘴 你的新想法：	透明雕花杯 新方案：
9	能否组合	分别与温度计、香料、中草药、加热器组合 你的新想法：	中草药组合杯 新方案：

3. 分析列举法训练

① 运用特性列举法，对手机提出改进意见。

a. 特性（名词特性；形容词特性；动词特性）：

_____

_____

b. 改进设想：

_____

_____

② 运用缺点列举法，对快递提出改进意见。

a. 缺点：

_____

_____

b. 改进设想：

_____

_____

③ 运用希望点列举法对教室提出改进意见。

a. 希望点：

_____

_____

b. 改进设想：

_____

_____

4.组合创造法训练

利用组合创新法设计多功能办公用品。

① 选择办公室里的 12 种物品，分成 2 类，写成 2 栏，每栏 6 种物品，如表 2-3 所示。

表 2-3　办公物品组合表

序号	1	2	3	4	5	6
第一栏	文件夹	办公桌	订书机	电话	计算机	公文柜
第二栏	椅子	碎纸机	台历	电灯	U 孔	空调开关

② 通过掷骰子或随机抽取的方式进行随意组合，选出组合的对象。例如，第一次掷骰子指示的是 5、6，即计算机和空调开关；第二次掷骰子指示的是 2、3，即办公桌和台历。

a. 你选出的组合是＿＿＿＿＿＿＿＿＿。

b. 写出你利用组合创新法设计出的多功能型办公用品。

上面第一个组合设想可能的创意：在计算机上设置程序控制空调开关；设计一个计算机遥控器，可以像控制空调一样操作计算机等。上面第二个设想可能的创意：带电子台历的办公桌；用台历当背景的办公桌等。

你的组合设想的创意：

＿＿＿

③ 物品组合集锦。

请将下列物品进行组合，并写出组合的结果及功用（至少 4 种）。大海、风、电、石头、火、水、树木、汽车、鼠标。

你的组合设想的创意：

＿＿＿

2.2.5　任务评价

每组完成自我评价表，并对其他组进行评价。

班级		组名		日期	年　月　日	
评价指标	评价内容			分数	自评分数	他评分数
信息收集能力	能有效利用网络、图书资源查找有用的相关信息			10		

评价指标	评价内容	分数	自评分数	他评分数
辩证思维能力	能发现问题、提出问题、分析问题、解决问题	15		
参与态度与沟通能力	积极主动地与教师、同学交流，相互尊重、理解、平等	5		
	能处理好合作学习和独立思考的关系，能提出有意义的问题或能发表个人见解	5		
创新能力	创新点的独创性和实用性，以及创新是如何改进产品性能或用户体验的	15		
内容正确度	内容正确，表达到位	30		
素质素养评价	团队合作、课堂纪律、自主研学	10		
汇报表述能力	表述准确、语言流畅	10		
总分		100		

2.2.6 相关知识与技能

案例 1：坐飞机扫雪

有一年，美国北方格外严寒，大雪纷飞，电线上积满冰雪，大跨度的电线常被积雪压断，严重影响通信。许多人试图解决这一问题，但都未能如愿以偿。后来，电信公司经理为解决这一难题，召开了一次头脑风暴座谈会，参加会议的是不同专业的技术人员，经理要求他们必须遵守以下原则。

第一，自由思考。即要求与会者尽可能解放思想，无拘无束地思考问题并畅所欲言，不必顾虑自己的想法是否"离经叛道"或"荒唐可笑"。

第二，延迟评判。即要求与会者在会上不要对他人的设想评头论足，不要发表"这主意好极了！""这种想法太离谱了！"之类的"捧杀句"或"扼杀句"。至于对设想的评判，留在会后组织专人考虑。

第三，以量求质。即鼓励与会者尽可能多而广地提出设想，以大量的设想来保证质量较高的设想的存在。

第四，结合改善。即鼓励与会者积极进行智力互补，在增加自己提出设想的同时注意思考如何把两个或更多的设想结合成另一个更完善的设想。

按照这种会议规则，大家七嘴八舌地议论开来。有人提出设计一种专用的电线清雪机；有人想到用电热来化解冰雪；也有人建议用振荡技术来清除积雪；还有人提出能否带上几把大扫帚，乘直升机去扫电线上的积雪。对于这种"坐飞机扫雪"的想法，大家尽管心里觉得滑稽可笑，但在会上也无人提出批评。相反，有一位工程师在百思不得其解时，听到用飞机扫雪的想法后，大脑突然受到冲击，一种简单可行且高效率的清雪方法冒了出来。他想，每当大雪过后，出动直升机沿积雪严重的电线飞行，依靠调整旋转的螺旋桨即可将电线上的积雪迅速扇落。他马上提出"用干扰机扇雪"的新设想，顿时又引起其他与会者的联想，有关用飞机除雪的主意一下子又多了七八条。不到 1 h，与会的 10 名技术人员共提出 90 多条新设想。

会后，公司组织专家对设想进行分类论证。专家们认为设计专用清雪机，采用电热或电磁振荡等方法清除电线上的积雪，在技术上虽然可行，但研制费用大，周期长，一时难以见效。因"坐飞机扫雪"激发出来的几种设想，倒是大胆的新方案，如果可行，将是既简单又高效的好办法。

【案例点评】

经过现场试验，发现用直升机扇雪真能奏效，一个久悬未决的难题，终于在头脑风暴会中得以巧妙解决。随着创造活动的复杂化和课题涉及技术的多元化，单枪匹马式的冥思苦想将变得软弱无力，"群起而攻之"的战术则显示出攻无不克的威力。

【相关知识链接】

头脑风暴（brainstorming，BS）法又称智力激励法或自由思考法（畅谈法、畅谈会、集思）。它是通过对认识的思维及其结构和起作用的规律进行分析而产生和发展起来的。

1. 头脑风暴法成功的关键

头脑风暴法成功的关键是探讨方式，即群体能进行充分、非评价性和无偏见的交流，具体可归纳为以下几点。

（1）自由畅谈

参加者不应该受任何条条框框限制，放松思想，从不同角度、不同层次、不同方位，大胆地展开想象，尽可能地标新立异、与众不同，提出独创性的想法。

（2）延迟评判

当场不对任何设想作出评价，既不肯定或否定某个设想，也不对某个设想发表评论性的意见，一切评价和判断都要延迟到会议结束后才能进行。

（3）禁止批评

每个人都不得对别人的设想提出批评意见，因为批评对创造性思维会产生抑制作用。即使自己认为是幼稚的、错误的，甚至是荒诞离奇的设想，亦不得予以反驳。

（4）追求数量

会议的目标是获得尽可能多的设想，追求数量是它的首要任务。参加会议的每个人都要抓紧时间多思考，多提设想。至于设想的质量问题，自可留到会后的设想处理阶段去解决。

2. 头脑风暴法的操作步骤

（1）准备阶段

① 主持人应事先对所议问题进行一定的研究，弄清问题的实质，找到问题的关键，设定解决问题所要达到的目标。

② 选定与会人员，一般以 5~10 人为宜，不宜太多。

③ 确定会议的时间、地点。

④ 准备好纸、笔等记录工具。

⑤ 布置场所。

（2）头脑风暴阶段

① 主持人简明扼要地介绍有待解决的问题。

② 与会人员畅所欲言。

③ 记录人员记录参加者的想法。

④ 结束会议。

（3）选择评价阶段

① 将与会人员的想法整理成若干方案，再根据相关标准进行筛选。

② 经过多次反复比较，优中择优，最后确定 1~3 种最佳方案。

案例 2：螃蟹汽车

城市交通常发生堵塞，汽车被堵后进退不能，如果可以横行爬出车队，那该多好！这种想法许多人都有，但汽车自发明至今已有一百多年，汽车后轮不能转向且原地不能调头已成惯例，最笨的办法可以将它抬离地面横着走，或抬起来掉个头，这少说也要数十个人。中国台湾发明家黄庆堂并没被这个惯例吓倒，他发明了一种可横行的汽车——螃蟹汽车。这个发明的创意来源于飞机。一次在机场候机时，黄庆堂看到飞机起飞时渐渐收起起落架，降落时要放下起落架，思路一下开阔了。他利用飞机轮子可伸出缩回的方法和手段改进了现有的汽车，在汽车下面安装一个类似的装置，叫作横向驱动器，它的作用是可伸缩升降，放下时，能将汽车支撑起来离开地面，然后驮着汽车旋转任一角度放下，然后再收起这个装置，汽车就可以正常行驶了。这一发明在 1987 年日本世界天才作品大展中获得了天才奖。

【案例点评】

他山之石，可以攻玉。在发明创造中存在大量的借鉴和移植，这已经成为创新最重要的手段。世间的事物总是存在相似性，其他事物的原理、结构、功能、方法、思路等都可以被借用、借鉴和移植，这样不仅会产生大量创新设想，而且还会新颖独特。

【相关知识链接】

1. 奥斯本检核表法

奥斯本检核表法是针对某种特定要求制定检核表的方法。所谓检核表是指根据需要研究的对象的特点列出有关问题，形成列表，然后逐个核对讨论，从而发掘出解决问题的大量设想。

2. 奥斯本检核表内容

奥斯本检核表原有 75 个问题，可归纳为 9 组提问，其核心是改进。9 组问题包括能否他用、能否借用、能否扩大、能否缩小、能否改变、能否代用、能否调整、能否颠倒、能否组合，如表 2-4 所示。

表 2-4 奥斯本检核表

序号	检核项目	含义
1	能否他用	现有的东西（如发明、材料、方法等）有无其他用途？保持原状不变能否扩大用途？稍加改变，有无别的用途
2	能否借用	能否从别处得到启发？能否借用别处的经验或发明？外界有无相似的想法，能否借鉴？过去有无类似的东西，有什么东西可供模仿？谁的东西可供模仿？现有的发明能否引入其他的创造性设想之中
3	能否扩大	现有的东西能否扩大使用范围？能不能增加一些东西？能否添加部件、拉长时间、增加长度、提高强度、延长使用寿命、提高价值、加快转速
4	能否缩小	缩小一些怎么样？现在的东西能否缩小体积、减轻重量、降低高度、压缩、变薄？能否省略，能否进一步细分
5	能否改变	现有的东西是否可以做某些改变？改变一下会怎么样？可否改变一下形状、颜色、味道？是否可改变一下意义、型号、模具、运动形式等？改变之后，效果又将如何
6	能否代用	可否由别的东西代替，由别人代替？用别的材料、零件代替？用别的方法、工艺代替？用别的能源代替？可否选取其他地点
7	能否调整	能否更换一下先后顺序？可否调换元件、部件？是否可用其他型号？可否改成另一种安排方式？原因与结果能否对换位置？能否变换一下日程？更换一下，会怎么样
8	能否颠倒	倒过来会怎么样？上下是否可以倒过来？左右、前后是否可以对换位置？里外可否倒换？正反是否可以倒换？可否用否定代替肯定
9	能否组合	组合起来怎么样？能否装配成一个系统？能否把目的进行组合？能否将各种想法进行综合？能否把各种部件进行组合

（1）能否他用

某个东西，"还能有其他什么用途？""还能用其他什么方法使用它？"……这能使我们的想象活跃起来。当我们拥有某种材料时，为扩大它的用途，打开它的市场，就必须善于进行这种思考。德国有人想出了300种利用花生的实用方法，仅仅用于烹调，他就想出了100多种方法。橡胶有什么用处？有家公司提出了成千上万种设想，如用它制成床毯、浴盆、人行道边饰、衣夹、鸟笼、门扶手、棺材、墓碑等。炉渣有什么用处？废料有什么用处？边角料有什么用处……当人们将自己的想象投入这条广阔的"高速公路"上时，就会以丰富的想象力产生出更多的好设想。

（2）能否借用

当伦琴发现"X光"时，并没有预见到这种射线的任何用途。因而当他发现这项发现具有广泛用途时，他感到吃惊。通过联想借鉴，现在人们不仅用"X光"来治疗疾病，外科医生还用它来观察人体的内部情况。同样，电灯在开始时只用来照明，后来，改进了光线的波长，发明了紫外线灯、红外线加热灯、灭菌灯等。科学技术的重大进步不仅表现在某些科学技术难题的突破上，也表现在科学技术成果的推广应用上。一种新产品、新工艺、新材料，必将随着它越来越多的新应用而显示其生命力。

（3）能否扩大

在自我发问的技巧中，研究"再多些"与"再少些"这类有关联的成分，能给想象提供大量的构思设想。使用加法和乘法，便可能使人们扩大探索的领域。

"为什么不用更大的包装呢？"——橡胶工厂大量使用的黏合剂通常装在 1 gal[①] 的马口铁桶中出售，使用后便扔掉。有位工人建议黏合剂装在 50 gal 的容器内，容器可反复使用，节省了大量马口铁。

"能使之加固吗？"——织袜厂通过加固袜头和袜跟，使袜子的销售量大增。

"能改变一下成分吗？"——牙膏中加入某种配料，便成了具有某种附加功能的牙膏。

（4）能否缩小

例如，袖珍式收音机、微型计算机等就是缩小的产物。没有内胎的轮胎、尽可能删去细节的漫画，就是省略的结果。

（5）能否改变

如汽车，有时改变一下车身的颜色，就会增加汽车的美感，从而增加销售量。又如面包，给它裹上一层芳香的包装，就能提高嗅觉诱惑力。据说妇女用的游泳衣是婴儿衣服的模仿品，而滚柱轴承改成滚珠轴承就是改变形状的结果。

（6）能否代用

通过取代、替换的途径可以为想象提供广阔的探索领域。例如，用充氦的办法来代

---

① 1 gal=4.546 L。

替电灯泡中的真空，使钨丝灯泡提高亮度。

（7）能否调整

重新安排通常会带来很多的创造性设想。飞机诞生的初期，螺旋桨安排在头部，后来，将它装到了顶部，成了直升机，喷气式飞机则把它安放在尾部，这说明通过重新安排可以产生种种创造性设想。商店柜台的重新安排，营业时间的合理调整，电视节目的顺序安排，机器设备的布局调整……都有可能带来更好的结果。

（8）能否颠倒

这是一种反向思维的方法，它在创造活动中是一种颇为常见和有用的思维方法。第一次世界大战期间，有人就曾运用这种"颠倒"的设想建造舰船，建造速度显著加快。

（9）能否组合

例如，把铅笔和橡皮组合在一起成为带橡皮的铅笔，把几种部件组合在一起变成组合机床，把几种金属组合在一起变成性能不同的合金，把几种材料组合在一起制成复合材料，把几个企业组合在一起构成横向联合……

案例 3："水立方"的设计

为迎接 2008 年北京奥运会，国家游泳中心启动了"水立方"设计方案。该方案由中国建筑工程总公司、澳大利亚 PTW 建筑师事务所、ARUP 澳大利亚有限公司联合设计。设计者将水的概念深化，不仅考虑到水的装饰作用，还借鉴其独特的微观结构，基于"泡沫"理论的设计灵感，为方形的建筑包裹了一层建筑外膜，上面布满了酷似水分子结构的几何形状。表面覆盖的 ETFE 膜又赋予了建筑水泡状的外貌，使其具有独特的视觉效果和感受，轮廓和外观变得柔和，水的神韵在建筑中得到了完美体现，如图 2-7 所示。

图 2-7　水立方

【案例点评】

水立方的设计是通过描述和思考与之相类似的事物、现象，去形成富有启发的创造性设想。在技术发明中最经常使用的思路是将创造对象与其他事物进行类比。

【相关知识链接】

1. 类比

类比，就是由两个对象的某些相同或相似的性质，推断它们在其他性质上也有可能相同或相似的一种推理形式。

类比的思维过程分为两个阶段。

第一阶段，把两个事物进行比较。

第二阶段，在比较的基础上推理，即把其中某个对象有关的知识或结论推移到另一对象中去。

类比推理的基本模式为：A 对象中有 a，b，c，d；B 对象中有 a'，b'，c'；那么，B 对象中可能有 d'。

2. 综摄法

综摄法，又称提喻法、类比法、集思法、分合法、举隅法等，其主要含义是将两个表面不相干的事物"生拉硬扯"地放在一起，通过类比隐喻产生创造性的设想。

综摄法具有很强的操作性，在各行各业被广泛应用。其具体步骤如下。

① 组成综摄法小组。

在集体创造活动中，需要一个专业小组来实施综摄法。这个小组一般由 5~7 人组成。要有一名主持人、一名专家，其余为各学科领域的专业人员。

② 提出问题。

由主持人将事先预定的、想要解决的问题向小组成员宣读。此前，小组成员并不知晓该问题。

③ 分析问题。

由小组中的专家对主持人提出的问题进行解释和陈述，使小组成员了解问题的背景等信息，使非专业人员对该问题有一个大致的理解。

④ 净化问题。

小组成员围绕这一问题进行讨论，运用直接类比、亲身类比、幻想类比、符号类比等方法展开联想，尽可能多地提出问题的解决方案。小组中的专家从较专业的领域说出每个想法的不足之处，从中选择 2~3 个比较有利于问题解决的设想，达到净化问题的目的。

⑤ 理解问题——确定解决问题的目标。

从所选择的设想中的某一部分开始分析，让小组成员从新的问题出发，展开联想，陈述观点，从而使小组成员理解解决问题的关键环节，并提出解决问题的目标。

⑥ 类比灵活运用。

确定了解决问题的关键环节后，主持人要有意识地抛开原来的问题，把问题从熟悉的领域转到远离问题的领域，让小组成员发挥类比设想作用。从小组成员的类比中，再选出可以用于解决问题的类比，并对其进行分析研究，找出更详细的启示。

⑦ 适应目标。

把从小组成员灵活运用类比过程中得到的启示，与在现实中能使用的设想结合起来，使之更好地适应目标，从而形成一种新颖独特的解决方案。

⑧ 方案的确定与改进。专家对于形成的方案进行反复论证，并对其中的缺陷进行改进，直到取得满意的结果。

3. 直接类比法

直接类比法是从自然界的现象或人类社会已有的发明成果中寻找与创造对象相类似的事物，并通过比较启发出创意。

使用直接类比法解决问题的程序如下。

① 根据要解决的问题，想一想世界上还有什么事物与要解决的问题具有同样的功能。

② 那个事物的功能是如何发挥的（原理）。

③ 运用那个原理到要解决的问题中。

④ 完善这个设想。

4. 亲身类比法

亲身类比又称拟人类比，即把自身与问题的要素等同起来，从而帮助人们得出更具创意的设想。在这个过程中，人们将自己的情感投射到对象身上，把自己变成对象，体验一下会有什么感觉。这是一种新的心理体验，使个人不再按照原来分析要素的方法来考虑问题。

亲身类比使用程序如下。

① 把自己比作要解决的问题（移情），或让无生命的对象变得有生命、有意识（拟人化）。

② 变换角度后，你就是它，它就是你，可产生新的感受和看法。

③ 根据上述感受提出新的解决办法。

④ 恢复到原来的状态，评价设想的可行性。直觉是一种非逻辑思维形式，对其所得出的结论没有明确的思考步骤，主体对其思维过程也没有清晰的意识。

5. 符号类比法

符号类比法就是通过逆向思考、浓缩矛盾等技巧，在抽象的语言（符号）与具体的事物之间建立新联系，从而从原有的观点中超脱出来，得到丰富、新颖主意的方法。

符号类比运用了两面神思维：对立事物的结合预示着矛盾，而且是自相矛盾。在科学研究中，碰到这种矛盾对立的现象，却往往预示着将会有新的突破。

符号类比法的具体操作程序如下。

① 从具体到抽象，把要解决的具体问题用抽象的概念表达。

② 找到它的反义词，把两者联系在一起构成矛盾短语。

③ 从抽象到具体，体会词句，受这个矛盾短语的启发，联想到其他具有这种对立性质的事物。

④ 通过大量列举，发现有价值的对象，分析其原理。

⑤ 借助其原理产生直接类比，形成新的解题方案。

6. 模拟法

模拟是一种直接类比，有时把原来极不相关的一些事物联系在一起，运用其中的一点进行模仿。所以，模拟不是简单的模仿，需要一种洞察力，打破原来的旧框架，以一种全新的角度去看待旧事物；并且，它带来了解决问题的思路，可以借用被模拟的事物特点去解决眼前的问题。模拟过程中的前半段是相似联想，后半段是类推，两者结合，构成了模拟法。

运用模拟法，主要通过描述与创造发明对象相类似的事物、现象，去形成富有启发的创造性设想。模拟，首先要对事物进行比较。仿生学是人类从动植物获得灵感的模拟，是研究生物系统的结构和性质以便为工程技术提供新的设计思想及工作原理的科学。雷达、飞机、电子警犬、潜水艇等科技产品都是模仿生物体的形态、结构和功能发明的，所以又称形态模拟法、结构模拟法和功能模拟法。

案例 4："康师傅"的成功之道

1958 年，中国台湾魏氏四兄弟在彰化县创立鼎新油厂，经过几十年的发展，成长为台湾岛内数一数二的食品集团，这就是后来的顶新集团。

20 世纪 80 年代后期，顶新集团打算进入祖国大陆方便食品市场，当时大陆方便面食品工厂已有上千家，竞争比较激烈。顶新集团没有贸然投资，而是委托市场调查机构进行方便食品需求调查。调查分两部分，一部分是消费者对方便面的需求情况，另一部分是生产者生产的品种、规格和口味情况。调查结果发现，消费者对方便面食品并不感兴趣，主要原因是口味较差，而且食用很不方便。而市场现有的方便面大都是低档的，调料基本上是味精、食盐和辣椒面等。

顶新集团通过列举人们传统饮食方式的缺点和对新的饮食方式的希望，最后决定开发新口味方便面来满足大陆消费者的需求。根据调查，公司大胆预测，大陆方便面食品市场将更加追求高档、注重口味、更为方便的产品。于是他们在天津经济技术开发区投资 500 万美元，成立了顶益食品有限公司，生产高档方便面食品。

1992 年 8 月 21 日，顶益食品有限公司在天津研发生产出第一包方便面——康师傅红烧牛肉面。在配合生产的同时，"康师傅"的方便面广告开始铺天盖地地出现在报纸、杂志、电视上，宣传最火热的时候平均每天在电视上出现上百次。"康师傅"迅速在全国范围内建立起品牌认知、品牌印象、品牌关联和品牌区别，并在此后 10 年间建立起我国方便面行业的霸主地位，小小的方便面却卖出了70亿元的销售份额。

【案例点评】

方便面的出现改变了传统面条的属性，是食品领域的一大创新。本案例说明，改变事物的属性是可以实现创新的，问题是怎样找出关键属性并对关键属性进行改变。

【相关知识链接】

1. 列举法

列举法是把同解决问题有联系的众多要素逐个罗列，把复杂的事物分解开来分别加以研究，以帮助人们克服感知不足的障碍、寻求科学方案的方法。

列举法的要点是将研究对象的特点、缺点、希望点罗列出来，提出改进措施，形成有独创性的设想。

2. 特性列举法

特性列举法就是通过对需要改进的对象进行观察分析，列举出它的所有特性，并对特性分别予以研究，从而提出改进完善方案的方法。特性列举法犹如把一架机器分解成一个个零件，将每个零件功能如何、特点怎样、与整体的关系如何都列举出来排成表。把问题区分得越小，越容易得出创造性设想。例如，你想对自行车提出改进设想，最好是根据自行车的特性，把它分解成若干部分，对每一部分（如车身、轮胎、辐条、轴承、钢圈、齿轮、刹车、把手等）分别予以研究，进而提出新设想，这样效果会比较好。

列举改进对象的词语主要采用名词、形容词和动词三种特性。在实际做特性分析时，如果按名词特性、形容词特性、动词特性进行列举不易区分，而且影响创新思考，也可按数量特性、物理特性、化学特性、结构特性、形态特性、经济特性等进行列举。

①名词特性（用名词来表达的特性）：整体、部分、材料、制造方法等。

②形容词特性（用形容词来表达的特性）：形状、颜色、大小等。

③动词特性（用动词来表达的特性）：效用、主要功能、辅助功能、附属功能及其在使用时涉及的重要动作等。

④数量特性：使用寿命、保质期、耗电量等。

⑤物理特性：软、硬、导电性、轻、重等。

⑥化学特性：易氧化、耐酸度、耐碱度等。

⑦结构特性：固定结构、可变可拆结构、混合结构等。

⑧形态特性：色、香、味、形等。

⑨经济特性：生产成本、销售价格、使用成本等。

特性列举法的具体操作步骤如下。

① 选择一个目标比较明确的分析对象，对象宜小不宜大。如果是一个比较大的分析对象，最好把它分成若干个小对象。

② 从名词特性、形容词特性和动词特性三个方面对对象的特性进行列举。如果觉得按名词、形容词、动词特性进行列举不好操作，就按数量特性、物理特性、化学特性、结构特性、形态特性、经济特性进行列举。分析对象的特性尽可能详细地列出，越详细越好，并且要尽量从各个角度提出问题。

③ 分析各个特性，通过提问，激发出新的创造性设想和方案。分析各个特性时，可采用智力激励法来激发创意。在上述列举的特性下尽量尝试各种可替代的属性进行置换，以产生新的设想和方案。

④ 提出新的方案并进行讨论、检核、评价，挑选出行之有效的设想结合实际需要对对象进行改进。

3. 缺点列举法

任何一件产品或商品都不可能十全十美。如果不断发现和挖掘事物的缺点，然后用新的技术加以改革，就会创造出许多新的产品。缺点列举法的优点是精力集中、节省时间、容易取得显著效果。有时候只要找出事物的一个缺点并加以改进，就能产生巨大效益。

缺点列举法的具体操作步骤如下。

① 列举缺点阶段。通过会议、访谈、电话调查、问卷调查、对照比较等方式，广泛调查和征集意见，尽可能多地列举事物的缺点。

② 探讨改进方案阶段。对收集到的缺点进行归类和整理，并对每类缺点进行分析，在此基础上提出改进方案。

4. 希望点列举法

希望点列举法是通过提出种种希望，经过分类、归纳、整理，确定发明目标的创造方法。

从实际操作的角度来看，希望点列举法既适用于对现有事物的提高，又适用于在无现成样板的前提下设计新产品、创建新方法等，而且对后一种情况更为有效。

希望点列举法的具体操作步骤如下。

① 通过会议、访谈、问卷等方式，激发和收集人们的希望。

② 对大家提出的各种希望进行整理和研究，形成各种希望点。

③ 在各种希望点中选出目前可能实现的希望点进行研究，制订革新方案，创造新产品以满足人们的希望。

5. 成对列举法

成对列举法是把任意选择的两个事项结合起来，成对列举其特征，或者把某一范围内的事物——列举，依次成对组合，从中寻求创新设想。

成对列举法的具体实施步骤如下。

① 列举，把某一范围内所能想到的所有事项依次列举出来。

② 强迫联想，任意地选择其中两项依次组合起来，想象这种组合的意义。

③ 对所有的组合做分析筛选，可能的组合如表 2-5 所示。

表 2-5　成对列举法

一类事物	甲	乙	丙	丁	戊	己
另一类事物	A	B	C	D	E	F
可能的组合	甲 A、甲 B、乙 B、丙 A、己 D……					

案例 5：自行车卡槽与可分离式模块化客舱

1. 不占用人行道的公共停放自行车卡槽发明

近些年来，为减缓城市交通压力，响应绿色环保出行号召，许多城市开始大力推广自行车出行。对于政府部门来说，在原有已规划道路的基础上，如何更合理有效地设计和布局自行车停车位，既能保证骑行者停用方便和有序停放，又能保证自行车大量应用于拥挤的商业、娱乐等人流聚集区，成为推广自行车出行需要解决的问题。

在解决上述问题的过程中，出现了一款非常独特的设计产品，可以解决部分道路自行车停放问题。如图 2-8 所示，产品设计师瞄准现有的人行道，在道路边缘设计了一款卡槽，当人们需要停放自行车时，拉起卡槽，将自行车前轮插入并上锁；当人们取出自行车时，卡槽又重新恢复到与地面齐平的位置。

图 2-8　不占用人行道的公共停放自行车卡槽

这款设计开拓性地将人行道与停车卡槽组合在一起，合理利用资源，提供了更充足和便利的停车位；卡槽支撑架与卡槽本身在使用时的闭合与分离，更是巧妙地运用组合和分解方法，形成了富有创造性的设计方案。

2. 可分离式模块化客舱设计

飞机故障的概率虽然不高，但几乎每次失事都会带来灾难性后果，尤其是客机失事事件给遇难者家属造成的心理阴影难以估量。

今后，也许飞机失事的概率会因为一项科技成果而大大降低。来自乌克兰的一位设计者设计了一款飞机，这款飞机的亮点在于它拥有可分离式模块化客舱。与一般的候机不同，乘客（包括货物）事先已经坐在客舱里候机，飞机到来后，直接将模块化客舱与飞机进行对接即可。

如图2-9所示，飞行途中，如果遇到无法挽救的事故，可以在经过合理的判断流程后，将客舱与机身脱离。之后，采用双减速伞模式，以及落地反射喷气装置、气垫缓冲装置，使得客舱安全着陆。如果是在水域上空，也可以采用类似的方式。不仅如此，这个设计还有另外一个好处，它可以大大加快乘客登机、出机的时间，大家以后直接在机舱里候机，等飞机一到，除了正常检修以外，把机舱直接对接就可以了。目前，这个方案的设计者塔塔连科·弗拉基米尔·尼古拉耶维奇（Tatarenko Vladimir Nikolaevich）已经在美国和俄罗斯申请了专利，希望这项科技成果能够早日投入使用。

图2-9　可分离式模块化客舱设计

【案例点评】

不占用人行道的公共停放自行车卡槽和可分离式模块化客舱设计是组分型创新方法的创造性应用。作为一种非常重要的创新方法，组分型创新方法就是将整个创造系统内部的要素分解、重组，从而产生新的功能和最优的结果的方法。

【相关知识链接】

1. 组合型创新方法

组合型创新方法，就是将两种或两种以上的事物或理论的部分或全部进行有机组合、变革、重组，从而诞生新产品、新思路，或形成独一无二的新技术。20世纪50年代以来，科技创新开始由单项突破走向多项组合，依靠新的科学原理而实现的独立技术发明已相对减少，而由组合求发展、由组合而创新，已成为当代创新活动的一种重要形式。统计表明，在现代技术开发中，组分型成果已占全部发明创造的 60% ~ 70%。这也验证了晶体管发明者之一——肖克·莱所说的一句话："所谓创新，就是把以前独立的发明组合起来。"

2. 形态分析法

形态分析法又称形态矩阵法、形态综合法，它是借助形态学的概念和原理，通过对创造对象的构成要素进行分析（因素分析），再对构成要素所要求的功能属性进行分析（形态分析），列出各因素可能的全部形态（包括技术手段），在因素分析和形态分析的基础上，采取表格的形式进行方案聚合，再从聚合的方案中择优的一种系统思维的方法。用公式表达为某事物 M 有 A，B，C 三大要素，A 有 x 种可能选择，B 有 y 种可能选择，C 有 z 种可能选择，则某事物可能的方案数为 $N=xyz$。

形态分析法的实施具有一定的程序性，在发明创造求解过程中常分为五个步骤，下面我们将结合一个简单而具体的问题来介绍形态分析法的实施步骤。

① 明确有待解决的问题。也就是决定要分析的对象，比如设计一款新耳机。

② 因素分析。也就是根据需要解决的问题列出创造对象的所有构成要素。这些要素之间要彼此独立，不能存在包含关系且尽可能选取与最终目标关联性大的因素。这是非常重要的一步，也是较难的一步。最终能否获得较为合适的创意，完全取决于因素确定恰当与否。如果确定的因素彼此包含或不重要，就会影响最终组合方案的质量，并且使方案数量无谓地增加，为后续筛选工作带来困难；如果列出的因素不全面，遗漏了某些重要因素，则会遗漏有价值的创意。比如，设计耳机，我们主要针对的是耳机的功能和结构，因此没有必要将其生产方式也纳入分析维度。如表 2-6 所示，经过分析可得出耳机设计的 5 个独立因素：佩戴方式、耳塞数量、工作原理、与设备的连接方式、通话功能。

表 2-6 耳机的要素分析

要素	形态分析
要素 1	佩戴方式
要素 2	耳塞数量
要素 3	工作原理
要素 4	与设备的连接方式
要素 5	通话功能

③ 形态分析。即对研究对象所列举的各个因素进行形态分析，运用发散思维列出各因素全部可能的形态（技术手段）。为便于分析和做下一步的组合，这一步往往要采取矩阵列表的形式，把各因素及相对应的各种可能的形态（技术手段）列在表格中。如表 2-7

所示，耳机佩戴方式的形态有 4 种，即头戴式、耳塞式、挂耳式、入耳式；耳塞数量的形态有 2 种，即单个、双个；工作原理的形态有 4 种，即动圈式、静电式、动铁式、压电式；与设备的连接方式的形态有 3 种，即蓝牙、USB 接口、针状接口；通话功能的形态有 2 种，即有通话功能、无通话功能。

表 2-7　耳机的形态分析

要素	形态分析			
佩戴方式	头戴式	耳塞式	挂耳式	入耳式
耳塞数量	单	双		
工作原理	动圈式	静电式	动铁式	压电式
与设备的连接方式	蓝牙	USB 接口	针状接口	
通话功能	有	无		

④ 形态组合。分别将各因素的各形态一一加以排列组合，以获得所有可能的组合设想。通过上面的分析，这款耳机设计共产生 4×2×4×3×2=192 种可能的组合设想。

⑤ 筛选最佳设想方案。由于所得设想数量很大，所以设想筛选工作量较大，通常要以新颖性、价值性、可行性三者为标准进行多轮筛选和考评。上面我们组合出了 192 种设想，其中有一部分设想司空见惯、没有新意，有一部分缺乏价值，还有一部分不具可行性，我们要将这些排除掉，在剩下的方案中寻找最佳设想。比如，将挂耳式、单侧、静电式、蓝牙等形态组合在一起，这种耳机不但使用便捷而且收音效果好。

3. 分解法

分解与组合是两种互为逆向的创新方法，分解是通过对某一事物（原理、结构、功能、用途等）进行分解以求创新的方法。在具体的创新过程中，分解与组合往往同时使用，形成一种互补式的创新方法。

分解法是一种将看似一个整体的事物（原理、结构、功能、用途等）经过巧妙分割从而实现创新的方法。这里的分解并不是简单的拆分，而是有目的、有意义的分开，使一个整体成为相互独立的几个部分。

分解法通过对局部的去除、置换和更新，将有助于增加事物的多效性和灵活性。为了增加事物的功效，人们常常会采取组合的策略，不断为事物增加配件。

分解法的操作比较简单，其基本应用步骤如下。

① 选取一个完整的事物作为对象，如闹钟。

② 根据需要将对象进行分解。可以将闹钟分解成闹钟开关和闹钟主体两部分。

③ 通过对分解的各个部分进行分割、抽离、删除、置换或改造形成新事物。比如，

将闹钟开关和闹钟主体分开放置，将开关放在洗手间，闹钟响时就不得不起床到洗手间将闹钟关闭，这样有助于起早，避免赖床。

分解法的关键在于分解方式的选取，不同的分解方式将带来不同的效果。分解法的实质在于通过整体还原成部分的方式，重新审视部分对整体的意义及部分与部分之间的关系，通过部分的变换带来整体的改变。

练习与思考

练习1：同学们发动脑筋思考下列组合事物。

① 牙膏 + 中医药 ——

② 电话 + 电视 ——

③ 飞机 + 飞机库 + 军舰 ——

④ 毛毯 + 电阻丝 ——

⑤ 台秤 + 电子计算机 ——

⑥ 收音机 + 盒式录音机 + 激光唱片 ——

⑦ 自行车 + 蓄电池 + 电机 ——

⑧ 机械技术 + 电子技术 ——

练习2：未来毕业影响工作的因素有哪些？要求同学们用头脑风暴法寻找出问题的原因并找出合适的解决办法。

练习3：2.2.6案例1中提到利用直升机可以给电线除雪，那么能否将其应用到地面除雪呢？

练习4：某蛋糕厂为了提高核桃裂开的完整率，对"如何使核桃裂开而不破碎"展开讨论，请同学们用头脑风暴法提出解决办法。

练习5：生活中哪些事物存在不足，你有什么好的改进方法？

练习6：安妮和瓦莱丽喜欢滑雪，她们不断寻找利用滑雪谋生的方式。所处地区有长时间大雪覆盖，试想一下如何在满足自身爱好的同时又能谋生呢？

练习7：科技发展快速，试想当我们步入中年，科技会发展到什么地步，我们的生活又会是怎样的呢？

练习8：假如被丢在没有任何现代科技的荒岛上，岛上资源贫瘠，你如何更好地生活下去？

练习9：图2-10、图2-11是两个创意设计，请分析这两个创意分别是由检核表的哪项提问而想到的。

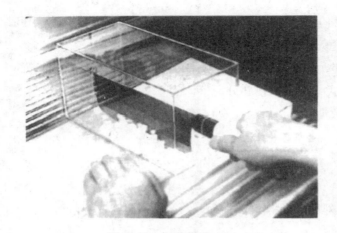

图 2-10　切洋葱罩　　　　　　　　　　图 2-11　可视雨伞

练习 10：从下列物品中任选一样，采用检核表法进行提问，可以做哪些改进？自行车、保温瓶、投影仪、钢笔、电灯、眼镜、电脑。

此外，针对检核表的每一项，回答下列提问。

① 水壶还有别的用处吗？

② 为减轻劳动强度，钳工手扳虎钳可否借用别的技术？

③ 手风琴有一个大风箱，背着很重，可否改变结构减轻重量？

④ 自行车可以扩大吗？

⑤ 在不改变演奏功能的前提下，如何才能将一台 1 m 长的电子琴装进一个不大的提包，成为一台便携式电子琴？

⑥ 纽扣可用什么代替？

⑦ 你每天的作息时间可否重新安排？

⑧ 普通热水瓶可以颠倒吗？

⑨ 帽子可以和什么东西组合在一起？

练习 11：根据奥斯本检核表 9 组提问法思考生活中常见手电筒的创造性设想。

练习 12：生活中我们都会用到电扇，但当我们使用时总会感觉功能不够齐全，动动脑筋，依照检核表的每一项思考电扇的一些创造。

练习 13：水龙头在生活中随处可见，当你使用的时候有没有考虑到它的其他用途，现在请你利用检核表进行发散性思考。

练习 14：台灯除了可以照明以外是否还有其他用途呢？是否可以防辐射、护肤、光疗、防近视、不发热等？

练习 15：多数人买鞋之后的鞋盒都会当垃圾处理掉，学了奥斯本检核表法能否对鞋盒进行创新呢？

练习 16：做如下的思考，要努力使自己思维活跃起来。

① 什么样的机械，动起来的样子像一条发怒的蛇？

② 什么动物的行为像送货车？

③ 什么动物像蒸汽挖土机？

④ 什么生物曾给发明瓦斯的人以启发？

⑤ 早期的人跟什么动物学会了愤怒？

⑥ 在自然界中，我们应该跟谁学习忍耐？

练习 17：运用符号类比法提出一个有关"大学生就业难"问题的解决方案。

① 列举这个社会问题的现象和矛盾。

② 用什么对立的抽象词语能形容这个现象？

③ 这个词语又能让你想到什么现象？

④ 从这些现象中受到启发，提出一个非常大胆的想法。

⑤ 完善这个设想，最终提出一个切实可行的、解决"大学生就业难"问题的想法。

练习 18：流线型设计被用在什么地方？

练习 19：设计"可生长"的售货亭。

请列举出可不断生长扩大的事物，如花朵、蘑菇、海草、珊瑚……挑选其中一件有生命的东西作为原型，设计一个"可生长"的售货亭。

练习 20：举例现代生活生产中仿生机器人的应用。

练习 21：人们利用类比思维由鸟的飞行运动制成了飞机，那么你知道飞机高速运动产生的振动是由什么类比从而化解的吗？

练习 22：20 世纪初的一天，法国细菌学家卡默德和介兰来到一个农场，他们看见地里长着一片低矮的玉米，穗小叶黄，便问农场主："玉米为什么长得这么差啊，是缺肥料吗？"农场主回答说："不是，这种玉米引种到这里来，已经十几代了，所以有些退化了。"如果将它一代一代地定向培养下去，它的毒性是不是会退化呢？由此同学们可以类比想到什么呢？

练习 23：生活中你是否被马路上的香蕉皮滑倒过？当你滑倒之后会若有所思还是愤怒离开，能否类比应用到我们的生活中？

练习 24：小杰福斯在放羊群时因为太困，不知不觉在牧场上睡着了，菜园被羊群搅得一塌糊涂，他发现在那片有玫瑰花的地方并没有更牢固的护栏，但羊群却从不过去，因为羊群怕玫瑰花的刺。能否用类比创新的方法思考这个发现可以应用到生活中的哪些方面？

练习 25：竹蜻蜓是我国古代劳动人民发明的一种玩具。它用竹片削成螺旋桨形状，插在一圆杆上，当手搓动圆杆快速旋转时，螺旋桨就可以飞上天。此玩具在明代时传入欧洲，法国人称为中国陀螺。由此可以类比想象到什么？

练习 26：如何对新型家用电冰箱的创新方案设计进行特性列举？

练习 27：对同学们曾经穿过的各种雨衣进行缺点列举。

练习 28：试着运用缺点列举法对雨伞提出创新设想。

练习 29：试着运用希望点列举法对眼镜提出改进方案。

练习 30：通过成对列举法，设计新式多功能家具。

练习 31：请思考如何应用成对列举法来设计一种新型的台灯。

练习 32：确定灯为 A 事物，为了设计新颖，选择与其差别较大的猫为 B 事物。分别列举出灯和猫的属性，然后将灯和猫的属性强制组合，利用成对列举法设计一张组合表。

练习 33：传统的快递和物流配送需要人工操作车辆，限制了速度和效率，而随着科技的发展，能否列举出具有更高配送效率的方法，降低人工成本。

练习 34：生活中对哪些事物不满足，是否有自己的想法或者希望其成为什么样？

例如，对篮球架的希望，可调高、便携式、自体照明夜用篮板等。

练习 35：提到苍蝇人们都会反感，能否缺点利用，变废为宝。

练习 36：运用形态分析法探索解决交通拥堵问题，解决交通拥堵问题的形态学矩阵如表 2-8 所示。

表 2-8　解决交通拥堵问题的形态学矩阵

因素（分功能）		形态（功能解）				
1		2	3	4	5	6
A	交通道路规划	旧道路拓宽或改造	发展快速公交系统	发展地铁	建立交桥、人行天桥	设置潮汐车道
B	控制汽车总量	拥堵路段禁骑电动车、摩托车	汽车限购	私家车牌尾号单、双号隔天限行	增加公交车数量	
C	控制措施	信号灯合理分配时间	交警维护交通，严惩加塞	加快停车场建设		

练习 37：刀具是每个家庭必不可少的生活用品，但是对于有儿童的家庭来说，它又会成为很危险的工具。请运用组分型创新方法，设计出一款新型的刀具收纳装置，避免儿童接触，防止危险的发生。

练习 38：科技改变了生活，当下医疗环境也应该有所改变，如何应用科技来改变医疗行业的不足？

练习 39：高铁是我国领先于世界的高端技术，现在高铁实际运行中速度并没有想象中的那么快，能否设计一辆在确保安全、平稳的情况下，可以实现真正快速的高铁？

练习 40：能否设计一款既能满足野外各种需求又便携的工具？

练习 41：对水进行灭菌处理时，通常采用在水中添加化学药剂的方法，你能否设计出更有效的方法，来降低成本或扩大水的使用用途。

　　练习42：在冲调婴儿奶粉时，如何准确知道烫不烫，从而对婴儿起到保护作用，利用所学组合设计出符合要求的产品。

　　练习43：牙齿对于我们来说很重要，但更重要的是如何保护牙齿，当下市面上的牙刷总会存在弊端，如清洁不到位等，如何让牙刷满足要求呢？

项目3　产品设计与人机工程

任务3.1　人机工程学的认知和应用

3.1.1　任务描述

人机工程学是让机器、工作或生活环境的设计适合人的生理心理特点，使人能够在舒适和便捷的条件下工作和生活的科学。任务3.1的目标是熟悉人机工程学的定义和基本原理，掌握人机工程学知识的应用。产品的更新换代是为了满足用户的需求，比如，普通垃圾桶到脚踏垃圾桶的升级，晾衣杆到自动升降晾衣架的新设计。在我们平时使用的产品中，仍有许多产品需要改进，本次任务将让学生从人机工程学的角度出发，思考如何改进学生公寓的洗漱池，使生活更便利。

3.1.2　任务目标

1. 知识目标
① 理解人机工程学的定义和基本原理。
② 掌握人机工程学的分类和应用。

2. 技能目标
① 具备能够从人体工程学的角度分析问题的能力。
② 解决从产品设计、制造到使用过程中的人机问题，具有综合创新和设计实践能力。

3. 素质目标
① 从人机工程学的角度，理性地处理产品设计中的问题。
② 牢固树立设计为人的基本原则，具有安全意识与环保意识。

3.1.3 获取信息

引导问题 1：人机工程学的研究对象是什么？

_____

_____

引导问题 2：简述人机工程学的发展历程。

_____

_____

引导问题 3：在日常生活中，处处都存在着人机工程学问题，请同学们写出遇到的相关问题。

例如，有的大沙发豪华气派，可是坐一会儿腰部就难受酸疼了，要在腰后面垫上"腰靠"。因为大沙发座面进深太大，坐上去腰椎后面总是空着，使腰椎向后的弯曲度加大，造成不正常的腰椎形态，不符合坐姿解剖学要求。这是产品设计中的解剖学问题。

_____

_____

引导问题 4：根据你写出的人机工程学问题，思考解决办法。

_____

_____

3.1.4 任务实施

1. 完成任务工单

① 校内学生公寓洗漱池是学生每天使用次数最多的地方，拥有一个舒适的洗漱平台对提高学生的生活质量作用很大。通过对我校学生公寓洗漱池的人机工程学分析，同学们觉得有哪些不足与不便之处？

_____

_____

_____

_____

_____

_____

_____

_____

② 现场测绘洗漱池后，根据以上提出的不足与不便之处，结合同学们查阅的资料和表 3-1 所示中国成年人人体主要尺寸，逐一写出改进方法（在人机工程设计中，适应域 90% 是指第 5 百分位到第 95 百分位之间的范围。如果改进设计洗漱池的高度，一般工作台面高度为操作者身高的 60% 左右为宜）。

表 3-1　中国成年人人体主要尺寸

项目	男（18~70 岁）			女（18~70 岁）		
	P5	P50	P95	P5	P50	P95
1. 身高 /mm	1 578	1 687	1 800	1 479	1 572	1 673
2. 体重 /kg	52	68	88	45	57	75
3. 上臂长 /mm	289	318	347	267	292	318
4. 前臂长 /mm	209	235	263	195	219	245
5. 大腿长 /mm	424	469	517	395	441	487
6. 小腿长 /mm	336	374	415	311	345	384

③ 结合改进方法，对洗漱池进行改进设计，并画出设计图。

2. 分组汇报

每组推荐一个小组长，进行汇报并总结。

_____

_____

_____

3.1.5 任务评价

每组完成自我评价表，并对其他组进行评价。

班级		组名		日期	年　月　日	
评价指标		评价内容		分数	自评分数	他评分数
信息收集能力		能有效利用网络、图书资源查找有用的相关信息		10		
辩证思维能力		能发现问题、提出问题、分析问题、解决问题		15		
参与态度与沟通能力		积极主动地与教师、同学交流，相互尊重、理解、平等		5		
		能处理好合作学习和独立思考的关系，能提出有意义的问题或能发表个人见解		5		
创新能力		创新点的独创性和实用性，以及创新是如何改进产品性能或用户体验的		15		
产品的表达力		设计草图的规范、美观、和谐和构图完整		15		
实用性和可行性		设计方案的实用性和可行性，是否结合人体测量数据设计		15		
素质素养评价		团队合作、课堂纪律、自主研学		10		
汇报表述能力		表述准确、语言流畅		10		
总分				100		

3.1.6 相关知识与技能

1. 人机工程学的定义

人机工程学是一门新兴的边缘学科。它是运用人体测量学、生理学、心理学和生物力学及工程学等学科的研究方法和手段，综合地进行人体结构、功能、心理及力学等问题研究的学科。人机工程学用以设计使操作者能发挥最大效能的机械、仪器和控制装置，并研究控制台上各个仪表的最适位置。

人机工程学涉及的范围很广泛，其基础学科是研究人的生理、心理，也就是实用科学。它把技术科学直接应用于实际操作之中，也是人体工程的本源之处。人机工程学以人作为最根本、最直接的研究、服务的对象，所以一切信息必须从人的自身中去获得，综合了这些信息才能做出判断。人机工程学是与人相关的科学信息在对对象、体系和环境进行设计中的应用，它涉及人类生活的方方面面。

人机工程学的特点是在认真研究人、机、环境三个要素本身特性的基础上，不单纯着眼于个别要素的优良与否，而是将使用"物"的人和设计的"物"及人与"物"所共处的环境作为一个系统来研究，在人机工程学中将这个系统称为"人—机—环境"系统，这个系统中，人、机、环境三个要素之间相互作用，相互依存的关系决定着系统总体的性能，人机工程是科学地利用三个要素间的有机联系，来寻求系统的最佳参数。随着机械化、自动化和信息化的高度发展，人的因素在产品设计与生产中的影响越来越大，人机和谐发展的问题也就显得越来越重要，人机工程学在产品设计的地位与作用愈显出其重要性。

在人、机、环境三要素中，"人"是处于主体地位的决策者，也是操作者或使用者，因此，人的心理特征、生理特征，以及人适应机器和环境的能力都是重要的研究课题。

"机"是指机器，但比一般技术术语的意义要广泛得多，包括人操纵和使用的一切物，可以是机器，也可以是设施、工具或用具等。怎样才能设计出满足人的要求、符合人的特点的机器产品，是人机工程学探讨的重要问题。

"环境"则是指人和机所处的周围环境，不仅指工作场所的声、光、空气、温度、振动等物理环境因素，还包括团体组织、奖惩制度、社会舆论、工作氛围、同事关系等社会环境因素。

"系统"是由相互作用、相互依赖的若干组成部分结合成的具有特定功能的有机整体，而这个"系统"本身又是它所从属的一个更大系统的组成部分。系统是人机工程学最重要的概念和思想，人—机—环境系统是指由处于同一时间和空间的人与其所使用的机，以及他们所处的周围环境所构成的系统，简称人机系统。人机系统可小至人与剪刀等手工工具，也可大至人与汽车，乃至人与宇宙飞船等。

了解了上述几个基本概念之后，就能更好地理解人机工程学的定义。关键应掌握两点。

① 人机工程学是在人与机器、人与环境不协调，甚至存在严重矛盾这样一个历史条件下逐步形成建立起来的，它本身仍在不断发展。

② 人机工程学的研究重点是"系统中的人"。"系统中的人"作为一个完整的概念，既不独指人，也不独指系统，这里的人是属于特定系统的一个组成部分。因此，人机工程学并非孤立地研究人，它同时研究系统的其他组成部分，以便根据人的特性和能力来设计和改造系统。

2. 人机工程学的基本原理

人机工程学是研究人体与机器之间相互作用关系的学问。它涵盖了人体生理特征、人体运动特征、人体心理学、人机界面设计等多个方面的内容。人机工程学的基本原理应用于产品设计中，可以为产品的持续发展提供基础支持。

（1）人机交互

人机交互是人机工程学中的关键原则之一，也是产品设计中的基本要素。人机交互包括视觉、听觉、运动和智力等各个方面的交互，使人与机器之间的交互更加流畅、高效和便利。

（2）信息处理

信息处理是人机工程学中的重要组成部分，它研究如何将一定的信息传输给使用者。产品设计者需要通过研究信息的处理效率和交互效果，将信息传输给使用者，以保证产品具有更好的易用性。

（3）视觉传达

视觉传达是产品设计中的重要组成部分，它能够传达变化的状态、动作、压力、危险等信息。产品设计者需要考虑通过在产品表面放置标识、图案、图形等来提高产品可视性。

（4）人体特征

人机工程学的研究甚至涉及人们的特定生理和心理特征，如视力、听力、反应时间、认知能力等。在产品设计中，不合适的设计可能会影响用户体验，比如，对于老年人来说，使用小尺寸的按钮可能会造成手部不适。

3. 人机工程学的分类和应用

（1）人机工程学的分类

从工业设计的角度而言，人机工程学主要包括设备人机工程学（equipment ergonomics）和功能人机工程学（functional ergonomics）。

① 设备人机工程学从解剖学和生理学角度，对不同民族、年龄、性别的人的身体各部位进行静态的（身高、坐高、手长等）和动态的（四肢活动范围等）测量，得到基本的参数，作为设计中最根本的尺度依据。

一般而言，静态的人体尺度要大于动态的人体尺度，设计时应根据具体的情况来选择正确的人体尺度。例如，在设计公共汽车的拉手时，就要考虑到在抓拉手时手的状态，因此，其高度不应以人的指尖到脚底的距离为依据，而应以人的掌心到脚底的尺度为准。

② 功能人机工程学通过研究人的知觉、智能、适应性等心理因素，研究人对环境刺激的承受力和反应能力，为创造舒适、美观、实用的生活环境提供科学依据。

例如，就环境而言，其优劣直接影响到人们的活动能力。人在过亮或过暗的照明条件下都不能取得最好的视觉效果；在过强的噪声或完全消除噪声的环境中，人也不能高效率地工作。因此，有的办公室经常播放一些轻松舒缓的背景音乐，就是这个道理。

（2）人体工程学的应用

无论是娱乐还是工作，长时间地操作电脑仿佛已经成为我们生活的一部分。长时间使用电脑的同时，相伴而来的却是一系列的健康问题，"鼠标手"便是其中之一。"鼠标手"，医学上称为腕管综合征，是最常见的周围神经卡压性疾病。腕管的空间狭小，组织坚韧，管内压力增加时很难释放，而其中的正中神经最容易受伤。腕管综合征就是腕部正中神经受卡压而引起的症状。那么，运用人体工程学的基本原理，我们怎么来改进鼠标，让人在长时间使用鼠标时避免患上"鼠标手"？

图 3-1 所示为一款创意人体工程学鼠标，这款鼠标一改传统鼠标造型，在充分放松的姿势下握住它可以消除扭曲和伸展前臂时的紧绷。在造型上将鼠标左键和右键设计在一个斜面上，这是根据研究人在握鼠标时的人机状态而得出的造型，因而在使用的时候手腕就会得到完全放松。

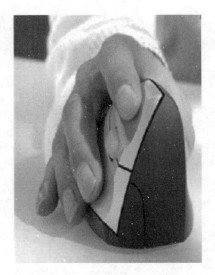

图 3-1　创意人体工程学鼠标

案例 1：轻松端起烫手的碗

产品背景：人们日常生活中，通常使用陶瓷材质的碗，相比不锈钢碗和塑料碗，陶瓷碗不仅实用而且美观，也比普通的玻璃碗更耐用，更漂亮。然而，和所有碗一样，当盛满热腾腾的菜或者米饭时，端起它是非常烫手的，怎么解决这个问题呢？从人体工程学角度考虑，如何改进碗的设计来实现不烫手的目的？

碗的改进方法如下。

① 改进碗的材质，具备隔热作用。

② 改进碗的结构，减少手指与碗侧面的接触面积。

设计方案：图 3-2 所示为"轻松如意"碗，这款碗的设计虽然非常简单，但是很有效。它的碗底不是常见的平的，而是有一些镂空，手指刚好可以伸进去。端碗的时候，大拇指抵住碗口，食指或者中指伸到碗底，一只手即可稳稳把碗端起，这样就不怕烫手了。

图 3-2　"轻松如意"碗

总结："轻松如意"碗是通过改进碗的结构，实现不烫手的目的，同时又不失美观，能够启发学生的主动思考和创新思维，培养学生应用人机工程学知识的能力。

任务 3.2　产品设计与人机工程学的结合

3.2.1　任务描述

　　随着科技的不断发展，人们对产品的要求越来越高。为了满足用户的需求，产品设计已经不单纯是实现功能，还需要结合人机工程学的理念，使产品更加符合人类的使用习惯和生理特点。比如，古代的剪刀结构最初是 S 字形，两端的刀刃相对，不用力时自然张开，就像使用镊子一样，而后人们想到利用杠杆原理来达到省力的目的，设计了我们常用的支轴式剪刀。任务 3.2 的目标是熟悉产品设计的基本要素，掌握产品设计中的人机设计方法。电钻是我们经常使用的工具，传统的电钻重量大，对于女性使用者也不是很友好，请同学们结合我们专业知识，并运用人机设计方法，通过改进电钻的把手结构来提高使用舒适性和实用性。

3.2.2　任务目标

1. 知识目标
① 理解产品设计的定义，掌握产品设计的基本要素。
② 正确认识人的因素在产品设计中的重要性，正确理解人机系统各要素的关系。
③ 了解相关的国家标准并合理使用人机工程的研究方法，系统掌握人机工程设计的

基本方法。

2. 技能目标

① 具有运用人机工程学原理分析设计问题的能力，具有运用多学科知识进行问题发现、分析、定义的能力。

② 掌握产品设计中人机工程学理论与方法应用的基本流程与研究方法，具有较强的逻辑思维能力和初步的科学研究能力。

③ 能够解决从产品设计、制造到使用过程中的人机问题，具有综合创新和设计实践能力。

3. 素质目标

① 能够自觉遵守职业道德，有强烈的工作责任感。

② 培养学生严谨认真、吃苦耐劳的精神和团队意识。

3.2.3 获取信息

引导问题 1：产品设计的一般步骤是什么？

_____

_____

引导问题 2：人机工程设计与其他产品设计有什么区别？

_____

_____

引导问题 3：以下产品中的哪些部分属于人机工程设计的对象？哪些部分不属于人机工程设计的对象？照相机、电话、洗衣机、汽车……（选 1 ~ 2 种产品讨论）

_____

_____

引导问题 4：请查阅人机工程技术标准，举例说明如何结合人机工程技术标准来改进产品设计？

例如，桌面过高，小臂在桌面上工作时，肘部连同上臂、肩部都被托起，造成肌肉紧张，难受且易感疲劳。过高的桌面还是引起青少年近视的原因之一。桌面过低，则使工作时脊柱的弯曲度加大，腹部受压，妨碍呼吸和有关部位的血液循环，并使背肌承受较大的拉力。桌子是坐着使用的，确定合理桌高的方法是——座高加上合理的桌面椅面高度差，即桌高 = 座高 + 桌椅高度差。结合人机工程技术标准和一系列公式，考虑男用或女用等因素，共有四个规格的桌高（700 mm、720 mm、740 mm、760 mm）可供选择。

_____

_____

_____

1.完成任务工单

① 如图 3-3 所示，这是一把手电钻，电钻手柄的大小、形状应与人手的大小相适应，请查阅资料，思考手柄的大小和形状如何设计（结合表 3-2，人体生物力学参数：手掌长 =0.109× 身高）？

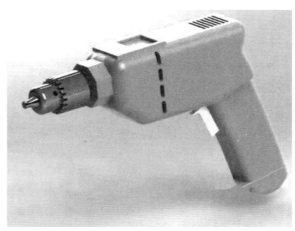

图 3-3 电钻

_____

_____

_____

_____

_____

② 如图 3-3 所示，电钻手柄表面是光滑的，请同学们思考，在使用时，怎么防止打滑现象发生？

_____

_____

_____

_____

_____

③ 为了照顾女性、左手优势者等群体的特性和需要，改进如图 3-3 所示电钻需考虑哪些问题？结合人机工程学原理，请同学们进行改进设计（结合表 3-1，男性握力相当于自身体重的 47%~58%，而女性为 40%~48%）。

④ 根据人机工程学设计方法，同学们还有哪些设计建议？

⑤ 综合以上改进设计，请同学们画出改进后的电钻设计图。

2. 分组汇报

每组推荐一个最佳设计者，进行展示汇报并总结。

3.2.5 任务评价

每组完成自我评价表，并对其他组进行评价。

班级		组名		日期	年 月 日	
评价指标		评价内容		分数	自评分数	他评分数
信息收集能力		能有效利用网络、图书资源查找有用的相关信息		10		
辩证思维能力		能发现问题、提出问题、分析问题、解决问题		15		
参与态度与沟通能力		积极主动地与教师、同学交流，相互尊重、理解		5		
		能处理好合作学习和独立思考的关系，能提出有意义的问题或能发表个人见解		5		

班级		组名		日期	年 月 日	
评价指标		评价内容		分数	自评分数	他评分数
创新能力		创新点的独创性和实用性，以及创新是如何改进产品性能或用户体验的		15		
产品的表达力		设计草图的规范、美观、和谐和构图完整		15		
实用性和可行性		设计方案的实用性和可行性，是否结合人体生物力学参数		15		
素质素养评价		团队合作、课堂纪律、自主研学		10		
汇报表述能力		表述准确、语言流畅		10		
总分				100		

3.2.6 相关知识与技能

1. 产品设计的基本要素

产品设计是指将用户需求和技术资料转化为可制造、可使用的产品的过程，是一项复杂的工程。一个成功的产品不仅要具备好的功能，还要具有较高的可靠性、美观性、易用性、耐用性等。因此，从产品设计的角度来看，设计者需要考虑以下要素。

（1）功能性

产品设计的目的在于解决特定的问题或者需求，因此，功能性是产品设计的首要因素。设计者需要考虑产品的主要功能，如何达到最佳的使用效果及满足用户要求。例如，移动式装备是一种具有移动功能的搭载设备，设计者需要在移动方便性和功能性之间找到最佳平衡点。

（2）美观性

美观性是一个产品的重要组成部分，也是产品设计的关键因素。一个设计精美的产品，不仅可以提高用户的满意度，也能够提高市场竞争力。设计者在产品设计的过程中需要考虑外形、色彩、质感等美观因素。

（3）易用性

易用性是产品设计中的重要组成部分，用户使用产品的体验与易用性密切相关。设计者需要考虑产品的人机接口、使用场景及用户的行为习惯，将产品设计得更为直观易懂。例如，智能家居控制面板的设计应当符合人们习惯和思维模式。

（4）安全性

安全性是产品设计的必要要素，产品使用的安全性影响到人们的生命财产安全。设计者需要考虑安全性和易用性的平衡，防止使用者在使用过程中造成伤害。例如，婴儿车的设计应当考虑到婴儿的安全和舒适。

　　2.产品设计与人机工程学的结合

　　从"以人为本"的设计观念来看，人机工程学是产品由设计概念的建立到生产、销售的理论基础和主导思想，尤其是产品设计与生产向个性化、小批量、网络化方向发展时，这种倾向更为突出。设计面向的对象是消费个体而非群体，大市场的设计概念将随着设计多元化和市场多样化，转变为个性市场的设计概念，产品相对于使用者个体而言，会更舒适、更协调、更人性化。

　　（1）人机工程学在产品设计中的地位

　　许多产品投入使用后达不到预期的效果，究其原因，不仅与产品的工艺、性能、材料、可靠性等有关，而且与所设计的产品与人的特性不适应有关。后一问题的产生，均可归结于在产品设计阶段未能进行人机工程设计。在产品设计阶段，如果不注意研究使用者的生理、心理特性，忽视人的因素，即使设计的产品本身具有很好的性能，投入使用后也不可能得到充分发挥，其至还可能导致事故的发生。表3-2列出了产品设计各阶段需要考虑的人机工程学内容。

表 3-2　产品设计五个阶段需要进行的人机工程设计内容

设计阶段	人机工程设计内容
概念设计	1. 考虑产品与人及环境的相互联系，全面分析人在系统中的具体作用； 2. 明确人与产品的关系，确定人与产品关系中各部分的特性及人机工程要求设计的内容； 3. 根据人与产品的功能特性，确定人与产品的功能分配
方案设计	1. 从人与产品、环境方面进行分析，在提出的众多方案中按人机工程学原理进行比较分析； 2. 比较人与产品的功能特性、设计限度、人的能力限度、操作条件的可靠性及效率预测，选出最佳方案； 3. 按最佳方案制作草模，进行模型测试，将测试结果与人机工程学要求进行比较，并提出修改意见； 4. 为最佳方案写出详细说明：方案结果、操作条件和内容、效率、维修的难易程度、经济效益、提出的修改意见
细节设计	1. 从人的生理、心理特性考虑产品的外形； 2. 从人体尺寸、人的能力限度考虑确定产品的零部件尺寸； 3. 从人的信息传递能力考虑信息显示与信息处理； 4. 从人的操作能力考虑控制器的外形及其与信息显示的兼容性； 5. 根据以上确定的产品外形和零部件尺寸选定最佳方案，再次制作模型，进行检测； 6. 从操作者的人体尺度参数、操作难易程度等方面进行评价，预测可能出现的问题，进一步确定人机关系的可行性程度，再次提出修改意见
总体设计	用人机工程学原理对总体设计进行全面分析，反复论证产品的可用性，确保产品操作使用与维修保养方便、安全、高效，有利于创造良好的环境条件，满足人的生理、心理需求，并使经济效益、工作效率最优化
生产设计	1. 检查与人有关的零部件尺寸、显示与控制装置； 2. 对试制出的样机进行人机工程学总评价，提出修改意见，完善设计，正式投产； 3. 编写使用说明书

（2）产品设计中的人机分析

无论是开发性产品还是改良性产品的设计，人机分析都是整个设计过程中必不可少的一个环节。无论是在最初的概念设计阶段或者是最后的生产设计阶段，人的因素都是主要因素甚至是决定性因素。

在产品设计中进行人机分析的主要目的就是把一切可能给使用者造成不便甚至是危险的因素消灭在设计之初，使整个人—机—环境系统能够安全、有效、协调地运转。当然，解决人机问题并不是产品设计中的唯一任务。设计师作为一个总的协调者，要考虑到产品在生产、销售、使用及回收中的各种因素：形态、色彩、质地、功能、材料、工艺、费用、生产、销售、使用、回收等。人机问题要纳入整个系统中加以权衡取舍，不可片面地强调一方而忽视另一方。对于不同的产品，设计时考虑的重点不同。即使是同一类型的产品，针对不同的消费人群，其侧重点也不一样。比如，同样是座椅的设计，办公座椅与躺椅考虑的人机因素就不同。前者要考虑到工作效率，因此设计时以提高系统工作效率为主，兼顾使用者的舒适度。而后者则主要用来休息、休闲，因此，舒适度就成为其设计重点，如图3-4所示。类似地，同样是手机的设计，针对年轻人和老年人两个不同的消费群体，其人机因素的侧重点就大不一样。对于年轻人而言，小巧、时尚、功能多样化是设计的重点，因此在考虑人机关系时就要很好地协调这些要素之间的矛盾与冲突，如图3-5所示。而对于老年人，由于受到视力下降、动作减慢、反应不灵敏等生理因素的影响，在设计时，就要将按键和屏幕设计得适当大一些，按键功能尽可能简单，菜单的显示和变换尽量清晰明了。总之，设计师要善于抓住主要矛盾，为设计确定正确的方向。

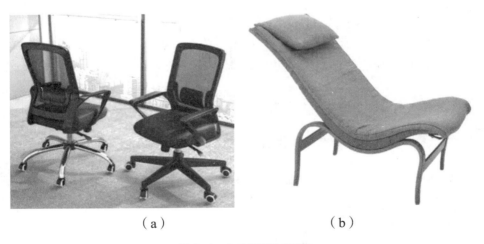

（a）　　　　　　　　　　　（b）

图3-4　办公座椅与躺椅
（a）办公座椅；（b）躺椅

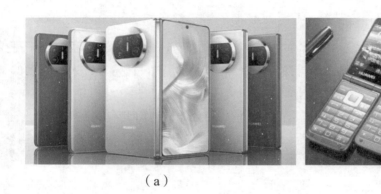

（a） （b）

图 3-5 时尚手机与老年机

（a）时尚手机；（b）老年机

综上所述，产品设计和人机工程学不是独立存在的概念，人机工程学为产品设计提供了科学的理论基础、用户研究的方法和工具、人机交互界面的设计原则和指导，以及人机协作和任务分配的方法和策略。通过运用人机工程学的知识和方法，产品设计可以更好地满足用户的需求，提升产品的实用性和用户体验。因此，人机工程学和产品设计的关系密不可分，二者相互促进、相互影响，共同推动着产品设计的发展。

3. 产品设计中的人机设计方法

从以人为本的角度出发，产品设计中的人体工程设计方法如下。

① 考虑产品与人及环境之间的全部联系，全面分析人在系统中的具体作用。

② 确定人与产品关系中各部分的特性及人体工程要求设计的内容。

③ 从人的生理、心理特性设计产品的形状。

④ 从人体尺寸、人的能力限度设计产品的零部件尺寸。

⑤ 根据技术设计确定的结构形状和零部件尺寸选定最佳方案，制作模型，进行实验。

案例 2：手持式工具

产品背景：手持式工具广泛应用于工作和生活中，近代工业设计的观念推动了工具的改善，但应用人机工程学的方法研究和改进工具，仍是值得关注的课题。

图 3-6 所示为传统钢丝钳。使用传统钢丝钳时，腕关节会有较大的偏屈、偏转。根据人手部的生理特性分析，腕管是一个多自由度的关节，骨关节的结构复杂，很多条肌肉、肌腱、动静脉血管、神经都经过这里，穿越骨关节间复杂狭窄的缝隙通往手部。因此，如果腕关节有较大的偏屈、偏转，其间的肌肉、肌腱、血管、神经就会受到压迫，影响手部、手指活动，严重的就会导致损伤和疾患，如腱鞘炎、腕管综合征等。

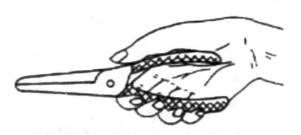

图 3-6　传统钢丝钳

改进方法：改进钢丝钳的把手结构。

设计方案：查阅资料，根据人手部的生理特性，确定在人手腕关节自然放松状态下大拇指及其根部到腕部之间的曲度。然后，将钢丝钳的把手设计成贴合人手的曲度，从而减少腕关节的弯曲。最后，改进后的钢丝钳如图 3-7 所示，操作时腕部顺直，腕关节处于放松状态。

图 3-7　改进后的钢丝钳

人们长期使用不同钢丝钳后患腱鞘炎的比例对比如图 4-8 所示，可见使用手持式工具时保持手腕顺直状态的重要性。

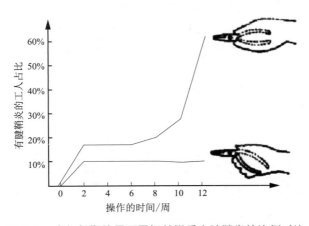

图 3-8　人们长期使用不同钢丝钳后患腱鞘炎的比例对比

总结：根据人机工程学设计方法，改进钢丝钳的形状，提高了钢丝钳的操作舒适度，启发学生独立思考，让学生掌握结合人机工程学进行产品设计的方法和过程。

项目4　产品说明书编写

任务4.1　认识产品说明书

4.1.1　任务描述

　　任务4.1的目标是全面认识并区分不同类型的产品说明书，特别是产品创新设计说明书和产品使用说明书。学习这两种说明书的结构、内容、目的及其在实际应用中的不同作用。通过对比分析，了解说明书在产品开发和市场推广过程中的重要性。任务4.1将通过讲解理论知识和实例分析相结合的方式进行。通过这一任务，能够加深对产品说明书功能和重要性的理解，为未来的职业生涯做好准备。

　　通过完成这一任务，研究、分析和比较不同类型的说明书，深入了解它们的结构、内容和编写目的，更好地理解不同说明书的应用场景和重要性。

4.1.2　任务目标

　　1.知识目标

　　① 掌握识别和描述不同类型的产品说明书（如产品创新设计说明书和产品使用说明书）的知识，包括它们各自的结构和格式。

　　② 理解不同说明书的具体内容、编写目的，以及它们如何支持产品的市场推广和用户体验。

　　③ 了解说明书在产品开发过程中的实际应用，包括法律和市场的要求。

　　2.技能目标

　　① 能够通过对比分析，识别不同说明书之间的差异及其对应的应用场景。

　　② 能够批判性地评估说明书的有效性和其在满足用户需求方面的表现。

3. 素质目标

① 职业责任感。增强对编写高质量产品说明书的职业责任感，了解准确信息传递的重要性。

② 沟通与协作。通过小组项目和讨论，提高沟通与协作能力，学习如何在团队中共同完成说明书的编写。

③ 终身学习。激发持续学习的兴趣，在职业生涯中不断更新对产品说明书标准和技术的了解。

4.1.3 相关知识与技能

1. 产品创新设计说明书介绍

产品创新设计说明书是一种文档，专门用于阐述和展示一个产品或项目的创新性质和设计特点。与传统的产品使用说明书不同，产品创新设计说明书更侧重于介绍产品设计的独特性、创新性和实用性。这类说明书的核心目的是向读者，如评审团、潜在投资者或利益相关者，展示产品设计的原创性、功能性和市场潜力。

产品创新设计说明书通常包含以下几个关键部分。

① 产品背景及其设计的意义，这部分涉及对市场需求、技术进步或特定问题解决需求的分析，强调产品设计的动机和目标。

② 方案设计与分析，详细介绍产品的设计过程、选择的方案及方案的优势和潜在局限。

③ 主要功能描述，明确列出产品的功能和特性，说明它们如何满足特定的需求或改善用户体验。

④ 创新说明，这是产品创新设计说明书的一个重要组成部分详细阐述产品设计中的创新点，如采用的新技术、原材料或独特的设计方法，以及这些创新是如何给产品带来附加价值的。

⑤ 应用前景部分则讨论产品在市场上的潜在应用和商业潜力，预测其对行业或消费者的影响。

⑥ 附图部分提供设计图纸、原型图或产品实物图，帮助读者更直观地理解产品设计。

产品创新设计说明书不仅是设计者向外界传达其创意和视觉的桥梁，也是展示其对市场趋势洞察和技术创新能力的重要工具，常被用于创新设计大赛、毕业设计展示等多种场合。

2. 产品创新设计说明书的应用

产品创新设计说明书是一种专门用于展示新产品设计的详细文档，它不仅包括技术规格和设计理念，还阐述了产品的创新特性和市场潜力。这种说明书对于确保设计团队的创意被正确理解和实施至关重要，同时对于吸引投资者、管理层的支持及指导产品的市场推广活动具有重要作用，其主要应用领域如下。

（1）设计评审和迭代

在产品开发过程中，创新设计说明书作为关键的交流工具，帮助设计师和工程师之间建立共识，确保设计意图和技术要求得到准确传达。通过文档中详细的设计描述和技术规格，团队可以更有效地评审设计方案，进行必要的迭代修改。

（2）吸引投资

对于初创企业或在开发新产品的公司而言，创新设计说明书是向潜在投资者展示产品概念和市场潜力的重要工具。清晰、具有说服力的说明书可以增强投资者对产品成功商业化的信心，从而获得所需的资金支持。

（3）市场推广和销售

产品创新设计说明书中的内容可以直接用于市场营销材料，帮助销售团队向潜在客户解释产品的优势和独特功能。通过阐述产品如何解决特定问题或提供创新解决方案，说明书增强了产品的市场吸引力。

（4）专利申请

在申请专利时，创新设计说明书提供了详细的产品设计和创新点描述，这对于证明产品的独创性和技术实现至关重要。有效的文档可以加速专利审查过程，提高专利授予的可能性。

3. 产品使用说明书介绍

产品使用说明书是一种关键的技术文档，为用户提供了一个全面的操作和维护指南。在商业活动中，产品使用说明书扮演着至关重要的角色。它不仅是用户了解产品性能和特点的重要渠道，而且还是掌握产品使用、操作和维护知识的基本依据。更重要的是，它在保障使用安全方面起着核心作用。同时，产品使用说明书是企业用户服务体系的一个组成部分，其质量和内容直接反映了企业对产品质量的信心和对用户负责的态度，是企业形象的重要展示。

产品使用说明书的内容和篇幅根据产品的特点而有所不同。例如，小型商品的说明书可能仅有几百字，而科技产品的说明书则可能长达数千甚至上万字。对于大型设备或生产流水线，其使用说明书可能像专业书籍一般厚重。尽管篇幅和内容各异，但所有的产品使用说明书都遵循着共同的写作规律和要求，目的是提供清晰、准确、易于理解的信息，以满足不同用户的需求。

产品使用说明书通常包含标题、引言或前言、目录（可选）、产品概述、安装步骤、操作指南、维护和保养说明、故障排除、技术规格、安全警告及制造商联系信息等。这种结构旨在为用户提供全面的信息，确保他们可以安全且正确地使用产品，同时提供必要的支持信息，以便于产品的维护和故障解决。

4. 产品使用说明书介绍

产品使用说明书是任何产品必不可少的组成部分，它提供了关于产品功能、安全使用方法、维护和故障排除的详细信息。这类文档对于确保用户能够安全、有效地使用产品至关重要，并在应用领域内发挥作用，其主要应用领域如下。

（1）用户指导

产品使用说明书的核心功能是为用户提供清晰、简洁的操作指南。它确保用户理解如何安装、操作和维护产品，帮助他们最大限度地利用产品的功能和优点。

（2）安全警示

产品使用说明书中的安全警示部分对预防操作错误和减少由此造成的事故尤为关键。它通常包括必要的预防措施、警告标志和紧急情况下的应对策略。

（3）维护和保养

产品使用说明书提供详细的维护和保养指南，帮助用户延长产品的使用寿命并保持其最佳性能。包括清洁、定期检查和更换部件的说明。

（4）故障分析与排除

产品使用说明书通常包括故障分析与排除部分，用于指导用户如何识别和解决常见问题。这有助于用户自行解决问题，节省时间和成本。

（5）法律和合规性

在许多行业中，提供完整的使用说明是法律或监管要求的一部分，尤其是在医疗设备、药品和儿童用品等领域。这些领域的产品使用说明书必须遵守特定的格式和内容标准，以确保用户的安全和产品的合规使用。

（6）市场沟通

虽然产品使用说明书主要功能不是市场营销，但其在某种程度上也反映了品牌的专业度和对客户的关怀。良好的使用说明可以提升用户体验和客户满意度，从而间接增强品牌忠诚度。

4.1.4 任务实施

1. 完成任务工单

思考问题：

① 请比较产品创新设计说明书和产品使用说明书在目的和内容上的主要差异。这些差异如何影响它们在产品开发和市场推广中的应用？

_____

_____

_____

_____

_____

_____

② 假设您是一家创新型健康科技公司的产品经理，如何利用产品创新设计说明书吸引投资者和合作伙伴的兴趣？

③ 在设计一款新的智能家居设备时，产品使用说明书中哪些部分是确保用户安全不可或缺的？请列举并解释。

④ 考虑到当前的技术进步和消费者行为的变化，产品使用说明书在未来可能面临哪些挑战？您会如何改进传统的产品使用说明书以适应这些变化？

2. 分组汇报

每组推荐一个小组长，进行汇报。个人结合汇报情况，总结自己的不足。

4.1.5 任务评价

每组完成自我评价表，并对其他组进行评价。

班级		组名		日期	年 月 日	
评价指标		评价内容		分数	自评分数	他评分数
理解程度		能够准确理解产品创新设计说明书与产品使用说明书的基本概念和区别		25		
分析能力		能通过案例分析展示对说明书在产品开发和市场推广中作用的深入理解		25		
应用知识		能在实际示例中正确应用关于说明书的知识，如设计一个简单的说明书		25		
创造性和原创性		在编写或设计说明书时展示的创造性和原创思维		25		
总分				100		

任务 4.2 创新思维在产品设计中的运用

4.2.1 任务描述

任务 4.2 的目标是编写一份全面和专业的产品创新设计说明书，以详细介绍产品创新设计。本任务不仅包括对产品设计背景的深入分析，如探索市场需求、技术挑战或特定问题的解决方案，还涉及设计方案的展示及其优势、局限性的全面分析。此外，学生还将学习如何清晰地描述产品的主要功能和特性，特别是创新元素，以及如何评估产品在市场上的潜在应用和发展前景。本任务还将指导学生准备必要的附图和视觉材料，如产品设计图、原型图或实物图，这些都是为了更好地辅助说明书的内容，并确保图形材料的清晰性和相关性。

通过完成这一任务，学生将能在实际项目中更好地展示自己的设计思路和解决方案，为他们未来的职业生涯或学术发展打下坚实的基础；培养学生的创新思维、技术分析能力和专业表达技巧，以满足日益增长的工业设计和产品创新的需求。

4.2.2 任务目标

1. 知识目标

① 掌握如何阐述产品设计的背景和意义。

② 了解市场需求和技术进步对产品设计的影响。

③ 学习如何描述和分析产品设计方案。

④ 识别和描述产品设计中的创新点。

2. 技能目标

① 沟通和表达能力。能清晰、准确地表达和分析设计理念；掌握图文结合展示设计方案的技巧。

② 批判性思维和分析能力。能对设计方案进行批判性分析；掌握如何评估产品设计的实际应用性和市场潜力。

③ 创新和解决问题的能力。能在产品设计中运用创新思维；掌握如何应对设计过程中的挑战和问题。

3. 素质目标

① 创造性思维。能在产品设计中展现创造性思维；具备对新技术、新材料的探索和应用意识。

② 专业伦理和社会责任感。能在设计产品时考虑社会责任和伦理；理解设计决策对环境和社会的潜在影响。

③ 终身学习和自我提升。能持续关注产品设计和创新领域的最新发展；具备自主学习和不断提升自己专业技能的习惯。

4.2.3 相关知识与技能

1. 市场潜力分析

市场潜力分析是一种评估特定产品或服务在市场上可能达到的最大销售量或利润的过程。这种分析旨在预测产品在特定市场环境中的表现，包括潜在的消费者基础、市场需求的大小及产品与现有竞争对手相比的优势和不足。市场潜力分析对于指导产品开发、定价策略、市场进入策略及长期业务规划至关重要。

在进行市场潜力分析时，通常需要考虑几个关键因素。首先是目标市场的大小和成长性，包括潜在客户的数量和他们的购买力。其次是市场的饱和程度，即市场上已存在的竞争产品或服务的数量和种类。此外，消费者偏好、行业趋势、技术发展及法律和政策环境也是重要的考虑因素。市场潜力分析还应考虑产品的差异化因素，如独特的功能、品牌影响力、质量或价格优势。

有效的市场潜力分析通常结合定量和定性的方法，包括市场调研、消费者调查、数据分析和行业报告。通过这些方法，企业可以获得关于产品可能受欢迎的程度、预期销售收入和市场份额的洞察，从而做出更明智的业务决策。市场潜力分析不仅对新产品的推出至关重要，对于已有产品的市场扩展和改进也同样重要。

2. 产品设计的创新点

产品设计的创新点是指在产品的设计过程中引入的新颖元素，这些元素能够显著改善产品的性能、外观、用户体验或可持续性。创新点可能涉及多个方面，包括但不限于技术创新、材料创新、设计方法创新，甚至是对产品使用方式的创新。

技术创新：涉及新技术的应用或现有技术的改良，使产品更加高效、功能更强或更加用户友好。例如，智能手机的快充技术，或是节能家电的开发。

材料创新：使用新材料或改良现有材料来提高产品的质量、耐用性或环境友好性。如采用生物可降解材料制造产品，以减少对环境的影响。

设计方法创新：采用新的设计理念或方法，如用户中心设计，强调以用户需求为核心的产品开发，或是模块化设计，使产品更易于组装和维护。

使用方式创新：改变或扩展产品的使用方式，使其具备更多的功能或适应新的使用场景。例如，可将手机变为远程控制器的应用，或是设计可用于多种运动的运动鞋。

产品设计的创新点不仅关乎产品自身的竞争力，也反映了企业对市场趋势、技术进步和消费者需求的敏感性和响应能力。在日益激烈的市场竞争中，创新设计成为企业脱颖而出的关键因素之一，有助于提高品牌价值和市场份额。

3. 产品创新设计说明书编写要点

编写产品创新设计说明书是一项重要的任务，它要求细致入微地展示产品的设计理念、创新特性、技术规格，以及预期的市场表现。以下是编写产品创新设计说明书的关键要点。

（1）明确目标和读者

在开始编写之前，明确说明书的目标和预期读者是至关重要的。不同的读者群可能对信息的需求和理解能力有所不同，例如，技术人员、投资者或潜在客户。

（2）引言与产品概述

说明书应以引言开始，简要介绍产品的背景、开发动机和市场需求。产品概述部分应提供产品的基本描述和主要功能，使读者对产品有一个初步的了解。

（3）详细的设计方案

详细描述产品的设计方案，包括设计的具体步骤、使用的技术和材料、设计团队的构成，以及设计过程中遇到的主要挑战和解决方案。

（4）创新点突出

突出产品设计中的创新点，详细说明这些创新如何解决已有产品的问题或如何提供比现有解决方案更优的性能。应详细阐述技术创新、设计创新或材料创新等方面的具体内容。

（5）技术规格和功能描述

提供详尽的技术规格，包括尺寸、重量、使用的材料、环境适应性等。此外，应详细描述产品的功能，以及这些功能如何操作和互动。

（6）应用前景分析

分析产品在市场上的应用前景，包括目标市场、潜在用户群、预期市场接受度、竞争对手分析及市场进入策略。

（7）图表和视觉辅助材料

使用图表、流程图和其他视觉辅助材料来增强说明书的可读性和吸引力。这些视觉材料应清晰展示复杂的设计理念或数据信息。

（8）结论和未来展望

以对产品未来发展方向的展望结束说明书，可以包括计划中的改进、预期的技术升级或市场扩展等。

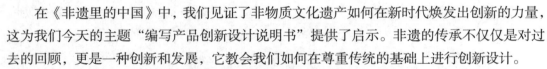

4.2.4 任务实施

在《非遗里的中国》中，我们见证了非物质文化遗产如何在新时代焕发出创新的力量，这为我们今天的主题"编写产品创新设计说明书"提供了启示。非遗的传承不仅仅是对过去的回顾，更是一种创新和发展，它教会我们如何在尊重传统的基础上进行创新设计。

在《非遗里的中国》中我们看到：首先，明确设计的背景和目标，即这项创新设计要解决的问题或满足的需求是什么。其次，详细描述设计的过程和方法，包括灵感来源、使用的技术和材料、设计的原理和步骤。再次，展示设计的成果，解释为什么这个设计是创新的，它如何兼顾传统与现代，如何体现出创新思维。最后，讨论这个设计的社会价值和可能的发展方向，探索它如何影响和改变人们的生活。

编写产品创新设计说明书的任务，首先要理解创新的本质。正如非遗文化在新时代所展现的，创新并不意味着完全摒弃传统，而是在传承中寻找灵感，结合现代技术和理念，创造出既有文化底蕴又符合现代审美和功能需求的设计。

素养提升：

①创新与传承的结合。在非遗文化中，创新不仅是技术和形式上的更新，也是对传统文化精神的现代诠释。我们应该创新与传承并重，在勇于创新的同时，也要尊重传统。

②社会责任感的培养。非遗创新展示了对社会贡献的重视，我们应能够思考如何通过创新设计解决社会问题，增强社会责任感和使命感。

③跨界融合的思维训练。非遗的创新往往涉及跨领域的知识融合，这要求我们开展跨学科学习，培养跨界融合的思维模式。

④ 文化自信的树立。非遗创新体现了中华文化的独特魅力和生命力，通过案例分析和实践活动，增强我们的文化自信，努力成为传统文化的传播者和创新者。

⑤ 批判性思维的锻炼。编写产品创新设计说明书的过程要求我们分析、评价创新项目的可行性和创新性，培养批判性思维，学会从多角度审视和解决问题。

1. 完成任务工单

（1）编写产品背景及意义

编写产品背景时，需要详细描述产品设计的起源、市场环境、技术趋势及社会或环境因素等方面，以提供对产品创意来源和开发动机的全面理解。首先要深入分析和描述目标市场的需求和现有市场状况，包括潜在客户群体、市场空白或现有产品的不足之处。接着，讨论影响产品设计的技术趋势和行业发展，如新兴技术的应用或行业标准的变化。此外，还需要考虑社会和环境因素，如可持续性、用户安全和健康等，以及这些因素如何促进产品设计的发展。最后，对比竞争对手的产品，突出自身设计的独特优势和创新之处，展示产品如何以独特的方式满足市场需求或解决特定问题。

编写产品意义时，应集中展示产品设计如何解决特定问题、满足市场需求或改善用户体验。具体内容包括产品如何通过其创新特点（如新技术应用、设计创新或功能改进）提供独特价值，产品对目标市场和潜在用户群体的潜在影响，以及它在社会、环境或经济方面可能带来的积极效益。这部分应突出产品设计的独特性和优势，阐明其在现有市场中的重要性和潜在价值。

参考范例：环保型智能水瓶

产品背景及意义

1. 产品背景

在当前的环保趋势和健康生活方式的推动下，市场上对于便携、智能化及环保型饮水解决方案的需求日益增长。尽管市场上已有各式各样的便携饮水产品，但多数缺乏智能监测功能，无法满足消费者日益增长的对健康饮水习惯的关注。此外，传统塑料瓶和一次性饮料瓶对环境造成的压力也日渐显著。因此，有必要开发一种新型饮水产品，既能满足消费者对健康饮水的需求，又能降低对环境的影响。

2. 产品意义

本项目旨在设计一款环保型智能水瓶，它不仅具备传统饮水容器的基本功能，还通过智能技术帮助用户监测和改善其饮水习惯。该产品采用环保材料，如食品级不锈钢和无毒硅胶，有效减少一次性塑料瓶的使用，从而降低对环境的负担。智能监测功能能够跟踪用户的饮水量，提醒用户按时补充水分，支持通过移动应用进行健康数据同步和分析，增强用户对自身水分摄入习惯的认知。此外，该产品的创新设计还包括温度显示、触摸感应盖和易于清洗的结构，增加了产品的便捷性和实用性。

请根据小组的创新产品或者身边的产品编写背景及意义。

产品背景及意义

　产品背景

　产品意义

（2）编写产品的设计方案

参考范例：可折叠电动自行车

产品设计方案

　1. 概念
　本项目旨在设计一款可折叠电动自行车，结合便携性和环保出行的概念。此设计解决了城市居民在繁忙的城市环境中对快速、便捷且环保出行方式的需求。
　2. 设计过程
　市场调研：通过调研确定目标用户群体对电动自行车的功能需求和便携性偏好。

初步设计：根据调研结果，初步设计了轻质合金材质的框架和简易折叠机制。

原型制作与测试：制作了几个设计原型，通过用户测试来评估其稳定性、安全性和便携性。

设计优化：根据测试反馈对设计进行优化，如改进折叠机制，增加电池续航和驾驶舒适度。

3. 最终方案

最终方案采用轻质且坚固的铝合金框架，一键快速折叠机制，以及高效节能的电力驱动系统。自行车配备灵活的城市导航系统和智能防盗功能，同时考虑夜间骑行的安全性，加入了自动灯光系统。

4. 方案优势

便携性：轻巧的框架和快速折叠机制使得自行车易于携带和存放。

环保与效率：电力驱动系统提供了一种无污染且高效的城市出行方式。

智能特性：集成的导航和防盗系统增加了使用的便利性和安全性。

5. 局限性分析

续航问题：虽然电池技术不断进步，但电动自行车的续航能力仍受限于电池容量。

成本：高端材料和技术的使用可能会提高产品的成本，影响市场竞争力。

请根据小组的创新产品或者身边的产品编写设计方案。

产品设计方案

1. 概念

2. 设计过程

3. 最终方案

4. 方案优势

5. 局限性分析

（3）编写主要功能

编写"产品主要功能"时，要确保功能描述清晰、准确，避免模糊或误导；重点介绍与产品创新和核心价值直接相关的功能；从用户的角度出发，强调每项功能对用户的具体益处；提供足够的细节，让用户了解相关功能的工作原理和操作方式；确保所述功能可通过实际使用或测试验证其效果；明确识别并列出产品的所有主要功能，特别是那些创新或独特的功能；对每项功能的工作机制进行详细说明，包括技术原理、操作过程等。

参考范例：智能空气净化器

产品主要功能

1. 高效空气过滤

工作原理：智能空气净化器采用多层过滤系统，包括预过滤网、活性炭层和高效空气过滤器（high efficiency particulate air filter, 简称 HEPA 过滤器）。预过滤网首先捕获较大颗粒，如灰尘和毛发；活性炭层有效吸附异味和有害气体；HEPA 过滤器则能捕捉高达 $0.3\,\mu m$ 的微小颗粒，如花粉、细菌和病毒。

用户益处：提供全面而高效的空气净化，减少家中的过敏原和有害颗粒，特别适合有呼吸道问题或过敏体质的用户。

2. 智能空气质量监测

工作原理：内置空气质量传感器实时监测环境中的颗粒物和有害气体水平，并通过 LED 显示屏实时显示空气质量指数。

用户益处：用户能够实时了解家中的空气质量，根据需要调整净化器的运行模式，确保空气质量始终保持在最佳。

3. 自动调节功能

工作原理：净化器根据空气质量传感器的反馈，自动调整风速和过滤强度，优化运行效率和节能性能。

用户益处：省去了手动调节的麻烦，同时确保能耗最优化，节省电费。

4. 静音运行设计

工作原理：采用先进的静音技术并优化风道设计，减少运行噪声。

用户益处：即便在夜间或需要安静环境的情况下，也能保持室内安静，提升居住舒适度。

5. 智能手机控制

工作原理：通过 WiFi 连接，用户可以通过智能手机应用远程控制净化器的开关、模式调整和定时设置。

用户益处：即使不在家也可以控制净化器，随时保持室内空气质量，提高生活便利性。

请根据小组的创新产品或者身边的产品编写主要功能。

产品主要功能

1. 功能 1

2. 功能 2

3. 功能 3

（4）编写产品设计的创新点

突出产品设计中的创新点，如技术创新、设计创新或使用新材料，并说明这些创新如何提升产品的性能、效率或用户体验。

在编写产品设计的创新点时，要确保创新点的描述具体明确，避免模糊或泛泛而谈；创新点应与产品的核心功能和目标市场紧密相关；提供足够的信息和数据支持，以验证创新点的有效性和实用性；强调创新点如何改善用户体验或解决用户需求。

识别产品设计中的创新元素，包括技术创新、设计方法创新或新材料的应用。明确阐述创新点如何提升产品性能、增加用户便利性或改善用户体验。将产品的创新点与市场上现有的类似产品进行比较，突出其独特性和优势。

参考范例：智能家居监控系统

产品设计的创新点

1. 人工智能驱动的行为识别技术

创新描述：该智能家居监控系统采用了先进的人工智能算法，能够识别和区分家庭成员的行为模式，并通过学习这些行为模式提高报警系统的准确性。

性能提升：这种技术显著减少了误报的频率，同时确保在真正的安全威胁出现时快速反应，大幅提升了系统的可靠性和用户的安全感。

2. 无线模块化设计

创新描述：所有监控设备采用无线模块化设计，用户能够根据自己的需求灵活配置和扩展监控系统。

效率和便利性：这种设计简化了安装过程，使用户能够轻松自行安装和调整系统布局，提高了用户体验的便利性和个性化。

3. 节能环保材料

创新描述：监控设备使用了最新的节能环保材料，如再生塑料和低功耗电子元件，减少了能源消耗和对环境的影响。

环保效益：这些材料的使用不仅降低了产品的碳足迹，也符合当下环保和可持续发展的趋势，提升了产品的市场竞争力。

4. 集成式智能控制平台

创新描述：系统配备了一款集成式智能控制平台，允许用户通过手机应用、语音助手和智能手表进行全面控制和监控。

用户体验提升：这种一体化的控制方式为用户提供了极致的便捷性，使家居安全管理更加智能化和高效。

请根据小组的创新产品或者身边的产品编写创新点。

产品设计的创新点

1. 创新点 1

2. 创新点 2

3. 创新点 3

（5）编写应用前景

在编写应用前景时，要确保对市场的分析和预测基于实际数据和合理假设，避免过度乐观或悲观；涵盖所有可能影响产品市场表现的关键因素，如目标市场、潜在用户、竞争环境等。清楚地界定目标市场和潜在用户群体；考虑未来的市场趋势和技术发展，预测产品在未来的应用潜力。

参考范例：可穿戴健康监测设备

应用前景

1. 目标市场

本款可穿戴健康监测设备主要面向健康意识强的中老年群体及健身爱好者。随着人口老龄化的加剧和全球健康意识的提高，市场对于能够提供实时健康监测和预警的智能设备需求持续增长。此外，越来越多的年轻人开始关注自身的健康状况，

这为该设备在更广泛的用户群体中的应用提供了机会。

2. 潜在用户

潜在用户包括需要长期健康监控的慢性病患者、追求健康生活方式的成年人、运动员和健身爱好者。这些用户群体对于便携、准确的健康监测设备有明确的需求，尤其是能够提供心率、血压、睡眠质量等综合数据监测的设备。

3. 预期需求

市场上对于集成多功能、操作简便且设计时尚的健康监测设备的需求日益增长。用户不仅需要基本的健康追踪功能，还期望能通过设备获得健康建议、预警通知及与医疗服务的无缝连接。

4. 商业潜力

鉴于健康和健身市场的快速增长，此款设备具有巨大的商业潜力。通过与健康管理应用和医疗服务提供商的合作，可进一步扩大市场影响力。另外，设备的数据分析和个性化健康建议功能将为用户提供额外价值，增加产品的吸引力。通过持续的技术创新和市场营销策略，该设备有望在健康科技领域占据重要地位。

请根据小组的创新产品或者身边的产品编写应用前景。

应用前景

1. 目标市场

2. 潜在用户

3. 预期需求

4. 商业潜力

2. 分组汇报

每组推荐一个小组长，进行汇报。个人结合汇报情况，总结自己的不足。

_____

_____

4.2.5 任务评价

每组完成自我评价表，并对其他组进行评价。

班级		组名		日期	年 月 日	
评价指标	评价内容			分数	自评分数	他评分数
内容的完整性	是否包含所有必要部分，如产品背景、设计方案、主要功能、创新点、应用前景等			20		
创新性	创新点的独创性和实用性，以及创新是如何改进产品性能或用户体验的			15		
市场分析的深度	市场需求、目标用户和竞争分析的深度和准确性			15		
技术和设计的准确性	技术细节和设计元素的准确性和现实性			15		
逻辑性和组织结构	说明书的逻辑流程、清晰度和组织结构			10		
语言和表达能力	语言的清晰度、专业性和文案的编写质量			10		

学习笔记

评价指标	评价内容	分数	自评分数	他评分数
视觉呈现	图表、示意图和设计草图的质量，以及它们如何增强文本内容的表达	10		
实用性和可行性	设计方案的实用性和可行性，包括对潜在制造和实施问题的考虑	5		
总分		100		

任务 4.3　编写产品使用说明书

4.3.1　任务描述

　　编写产品使用说明书是为了给终端用户提供关于如何安全、有效地使用产品的详细信息和指导。产品使用说明书不仅对产品的基本操作方法进行说明，还涉及安全指南、维护保养建议及故障分析与排除。产品使用说明书的目的是确保用户能够充分理解产品的功能和使用方法，同时减少误用风险，提高产品性能和寿命。

　　本任务是编写一个既能指导用户正确使用产品，又能提高用户的满意度和安全性的说明书。完成本任务需要对产品有深入地理解，并考虑到说明书应当易于理解，避免使用过于复杂的技术术语，同时确保提供的信息全面、准确。此外，图表和示例的使用能显著提高产品使用说明书的可读性和实用性。

4.3.2　任务目标

　　1. 知识目标

　　① 理解说明书的结构和内容要素。了解产品说明书的标准格式、各个部分的内容和重要性。

　　② 掌握技术写作的基本原则。包括清晰性、准确性、简洁性和用户中心设计原则。

　　③ 了解相关的技术术语和概念。熟悉机电产品相关的专业术语和基本概念，以便在说明书中正确使用。

　　2. 技能目标

　　① 分析和理解用户需求。能分析目标用户群体的能力，包括技术水平、需求和预期

使用方式。

②有效沟通技术信息。能将复杂技术信息转化为易于理解的文字和图表。

③编辑和校对文档。能对说明书进行详细的编辑和校对，以确保信息的准确性和专业性。

3.素质目标

①关注细节。能在编写说明书时保持对细节的关注，确保提供的信息无误且完整。

②批判性思维。在编写说明书时具有批判性思维，如评估内容的有效性和适宜性。

③用户导向的思维方式。能从用户的角度出发，思考如何更好地满足用户的需求和预期。

4.3.3　相关知识与技能

1.产品使用说明书结构与编写内容

产品使用说明书通常由三大部分构成：标题、正文和结尾。

（1）标题

标题的主要组成部分为"品牌＋产品名称＋说明书"。例如，"××牌电热器说明书"。

（2）正文

正文部分详细介绍产品的各个方面，一般包括以下内容。

①产品概况：包括产品名称、规格、成分、产地等基本信息。

②主要结构及工作原理：详细介绍产品的构造和运作机制。

③产品用途、技术特性、特征：阐释产品的功能、技术优势和主要特点。

④产品使用方法：详细描述操作步骤，通常配以插图，说明各部件名称、操作方法及注意事项。

⑤故障分析与排除：提供常见问题的诊断和解决方法。

⑥产品的保养和维修：指导用户如何维护和修理产品。

⑦附加信息：如用户意见书和其他相关事项。

根据产品说明书的类型，以上内容的详细程度可能有所不同。

（3）结尾

结尾部分应注明生产和销售企业的名称、地址、联系电话等信息，方便消费者与厂家或商家联系。

2.产品使用说明书编写原则与注意事项

在社会生活和生产中，各种产品都具有其独特性，满足不同用户的多样化需求。例如，购买药品时用户关注的是药物功能和服用方法，而购买电器时则更注重产品的使用和保养方法。因此，产品使用说明书的内容和编写方法应根据不同用户的心理、商家的目标及产品的特点进行调整。

（1）编写原则

尽管内容和形式可能各异，但产品使用说明书在编写时应遵循以下基本原则。

① 实事求是，客观真实：确保所有信息准确、真实，无误导性陈述。

② 突出产品特点，针对对象：根据目标用户群体的需求，突出展示产品的关键特点。

③ 语言通俗、准确简洁：使用易于理解且准确的语言，避免复杂和冗长的表述。

④ 杜绝虚假、防止夸大：不夸大产品功能，避免虚假宣传。

（2）编写注意事项

在编写产品使用说明书时，需要注意以下几点。

① 准确性：确保所有信息准确无误，反映产品的最新状态。

② 清晰性：使用简洁明了的语言，避免专业术语或提供必要的解释。

③ 逻辑性：保持内容的连贯性和逻辑性，便于用户理解和操作。

④ 可读性：考虑到目标读者的背景，确保文档易于阅读和理解。

⑤ 视觉效果：合理使用图表和插图，增强说明书的直观性和吸引力。

通过掌握这些结构和内容要素，学生可以有效地编写出既符合专业标准又易于用户理解的产品说明书，从而在实际工作中更好地服务于客户和提升产品价值。

4.3.4 任务实施

2020年5月，张三与某农机有限公司签订一份买卖榨油机的协议。在张三新购的机器说明书中有这样的介绍：本机出油率高，出油率比一般榨油机高3%；节约能耗，比一般榨油机节约电量26%。

然而张三试用后发现该机出油率并不高，和说明书所称存有差距，在与销售方联系并且调试后依然没有达到预期效果。最后法院判令被告返还张三全部购机款并赔偿损失3 020元。

根据《中华人民共和国消费者权益保护法》第八条，消费者享有知悉其购买、使用的商品或者接受的服务的真实情况的权利。第二十四条，经营者提供的商品或者服务不符合质量要求的，消费者可以依照国家规定、当事人约定退货，或者要求经营者履行更换、修理等义务。没有国家规定和当事人约定的，消费者可以自收到商品之日起七日内退货；七日后符合法定解除合同条件的，消费者可以及时退货，不符合法定解除合同条件的，可以要求经营者履行更换、修理等义务。依照前款规定进行退货、更换、修理的，经营者应当承担运输等必要费用。

产品使用说明书中的内容应与实际相符，否则需要承担相应责任。

素养提升：

① 消费者权益保护。张三的经历凸显了消费者权益保护的重要性。消费者享有知情权和获得质量保障的权利。这一案例教育我们，作为消费者应积极了解和维护自己的合法权益，对商品和服务的真实情况有充分的了解权。

② 诚信经营。该案例强调了经营者应遵循诚信原则，真实描述商品或服务的性能和质量。商家的不诚信行为不仅损害了消费者权益，也影响了企业的长远发展和行业的健康发展。

③ 法律规范行为。通过此案例，可以看到法律对于规范经营行为、保护消费者权益所起到的作用。它提醒我们，无论是消费者还是经营者，都应遵守相关法律法规，维护市场秩序。

④ 解决纠纷的途径。张三通过法律途径解决了与经营者的纠纷，体现了法律手段在处理消费争议中重要作用。这告诉我们，在权益受到侵害时，应通过合法途径寻求解决。

⑤ 社会责任感。该案例还反映了企业应承担的社会责任。企业不仅要追求利润，还应确保产品质量，保护消费者权益，从而赢得消费者的信任和社会的尊重。

1. 完成任务工单

（1）编写产品概述

参考范例：多功能综合监控系统

1. 概述

某设备是适用于基站/机房使用的多功能综合监控系统，集节能、动力环境、智能门禁、GPRS 传输四大功能于一体，可以灵活实现节能、门禁、环境动力监控等多项功能，并可以通过 SMS、GPRS、RS232、RS485、modem 任意一种方式将数据传输到监控中心。系统采用通信电源 −48 V/+24 V 直流电源作为动力，即使在停电的情况下，也能保证各项监控功能的正常进行，大大提高了通信机房设备的安全性、可靠性。

某设备综合监控系统是一种满足基站门禁、环境动力监控的新产品。系统有 16 路模拟量、数字量兼容的采集输入通道，足以满足大部分机房、基站的动力环境监控要求；系统有 8 路继电器输出，可联动告警，适用于钢板房、土地建房、承租房、共站（二网合一、三网合一）、单站等多种类型基站。

本系统采用 LED 显示，操作简便，运行稳定、可靠，符合基站内对环境的规范要求，对改善运维模式，提高网络运行安全性具有显著效果，是一款成功解决基站综合监控的高效设备。

2. 产品特点

① 32 位 ARM 高效处理器。

② 组网方式灵活：同时支持 GPRS 和串口模式组网。

③ 采集通道定义灵活：可根据需要任意定义输入通道属性，而不是一个通道对应一个采集属性（如电压）。

④ 采集通道支持全面：支持温度、湿度、市电、烟雾、水浸、门禁、蓄电池电压、蓄电池电流、空调、油机等监控量的采集。

⑤ 输出通道支持全面：提供 8 路带常开、常闭接口的输出通道。8 路集电极开路输出的光耦输出信号。

⑥ 告警联动定义灵活：可将任意一个输入的告警输出定义到任意的输出通道实现告警联动功能。

⑦ 端口支持全面：16 个输入通道支持模拟量和数字量输入采样。

⑧ 全端口防雷技术：所有的输入输出通道、串行接口、电源接口均经过防雷抗浪涌处理。

⑨ 稳定可靠的升级功能：提供设备在线升级和远程升级功能。

3. 主要用途及使用范围

① 智能门禁系统。

② 动力环境监控系统。

③ 动力环境及智能门禁系统。

4. 使用环境条件

① 环境温度：−10 ～ +50 ℃。

② 相对湿度：0% ～ 95%，无冷凝。

③ 环境：无振动，无尘埃、腐蚀性气体、可燃性气体、油雾、水蒸气、滴水或盐分等。

④ 大气压力：70 ～ 106 kPa。

⑤ 存储温度：−40 ～ +70 ℃。

⑥ 冷却方式：自然冷却。

5. 工作条件

① 工作温度：−10 ～ +50 ℃。

② 相对湿度：0% ～ 95%（非冷凝）。

③ 海拔：≤ 5 000 m。

④ 电源输入直流 −48 V（电压范围 −40 ～ −57 V）。

⑤ 电源输入交流 220 V（电压范围 165 ～ 265 V）。

⑥ 室内

⑦ 系统可靠接地：接地阻抗必须小于 4 Ω。

6. 对环境及能源的影响

系统功耗：< 10 W。

7. 安全

应保证系统可靠接地。

直流供电系统的电源正负极不可接反。

请根据小组的创新产品或者身边的产品编写产品概述。

1. 概述

（概况介绍包括产品名称、品牌、基本功能、主要用途和目标用户群体。）

2. 产品特点

（包括技术规格、参数、独特功能或设计优势、与同类产品相比的竞争优势。）

3. 主要用途及使用范围

（包括产品适用的场景或条件，可能的应用范围或限制。）

4. 使用环境条件

5. 工作条件

（包括产品正常工作所需的环境条件，如温度、湿度、电源要求等。任何特殊的安装或配置要求。）

6. 对环境及能源的影响

（包括符合的环保标准或认证。）

7. 安全

（包括安全使用产品的基本指导和警告，必要的合规性声明。）

（2）编写主要结构及工作原理

参考范例：电茶炉试验台

1. 主要结构

电茶炉试验台主要由机体、不锈钢试验水箱、管路系统、连接装置等组成。

2. 工作原理

该设备是用于 CRH2/3（兼容 CRH5 型）动车组用的电热开水器的试验。通过不锈钢试验水箱、管路系统、连接装置模拟出动车组上的电热开水器的工作环境，使电热开水器能够安装合理、简单、方便，通过温度、液位等传感器将电热开水器的数据传送到工控机中进行分析，试验台能够自动控制，试验参数自动测试、实时显示、自动保存。

请根据小组的创新产品或者身边的产品编写其主要结构及工作原理。

1. 主要结构（可附图）

（列出产品的所有主要组成部分。对每个部分进行简要描述，包括其功能和在产品中的位置。）

2. 工作原理（可附图）

（解释产品的工作机制，包括如何生成、传输或控制能量（如电流、力、热等）。描述各主要部件如何协同工作以实现产品的功能。将复杂的技术概念简化，使用类比或实例来帮助用户理解。避免过度简化，以免造成误导。使用行业标准术语，并在必要时提供术语定义。）

（3）编写主要产品用途、特性、特征和技术参数

参考范例："智能星晨"咖啡机

1. 产品用途

"智能星晨"咖啡机是为家庭和小型办公室环境设计的先进咖啡制作设备。它能够根据个人口味定制各种咖啡饮品，包括浓缩咖啡、美式咖啡、拿铁和卡布奇诺。此外，机器还配备了热水功能，可用于泡茶或制作其他热饮。

2. 技术特性

智能温控系统：采用先进的温度控制技术，确保咖啡在最佳温度下萃取，从而保证咖啡的品质和口感。

定制化设置：通过内置的触摸屏，用户可以轻松调整咖啡的浓度、体积和温度。设备还支持通过智能手机应用进行远程操作。

自动清洁功能：具备一键自动清洁程序，使设备维护更为便捷。

节能模式：设备在不使用时会自动切换到节能模式，减少能源消耗。

3. 产品特征

紧凑型设计：其现代化的紧凑设计使其适合任何厨房或办公空间。

高品质材料：使用不锈钢和耐热塑料制造，确保产品的耐用性和安全性。

快速加热系统：内置高效加热系统，可在几分钟内准备好制作咖啡，适合快节奏的生活方式。

环保运作：所有部件均可拆卸和回收，符合环保标准。

4. 技术参数

过滤技术：采用三层高效过滤系统，包括初效过滤网、活性炭过滤层和 HEPA 过滤器。

清洁空气输出率（clean air delivery rate,CADR）：250 m³/h。

适用面积：最高效率覆盖面积达到 30 m²。

噪声水平：最低运行噪声不超过 25 dB。

电源要求：AC 220 V，50 Hz。

尺寸和质量：高度 30 cm，直径 15 cm；质量 2.5 kg。

请根据小组的创新产品或者身边的产品编写产品的用途、技术特性、产品特征和技术参数。

1. 产品用途

（明确指出产品的主要用途和目标用户群体。如果产品适用于多种场景，应详细说明。）

2. 技术特性

（突出产品的关键技术特性，如创新功能、性能优势等。使用具体例子或场景来解释这些特性如何为用户带来好处。）

3. 产品特征

（描述产品的物理和美学特征，如尺寸、质量、设计、颜色等。包括任何增加用户便利性的特征，如易用性、维护简便等。）

4. 技术参数

（列出产品的主要技术规格，如尺寸、质量、能源效率、容量等。使用表格或列表格式呈现参数，以便于阅读和对比。）

（4）编写产品使用方法

详细描述操作步骤，通常配以插图，说明各部件名称、操作方法及注意事项。

编写产品使用方法，需要遵循一些要求和指导方法，例如，顺序性：按照实际使用产品的顺序逐步介绍每个步骤；易理解性：使用通俗易懂的语言，尽量避免复杂的术语或提供必要的解释；安全提示：在操作步骤中适当地提供安全提示和警告；视觉辅助：通过插图或示意图辅助说明，特别是对于复杂的步骤。

参考范例：智能电饭煲

1. 开始使用前的准备

检查电源：确保电饭煲连接到符合规格的电源插座。

清洗内锅：在首次使用前，用温水清洗内锅，确保无尘无污。

2. 测量米和水

使用附带的量杯：量取所需米量，并用清水冲洗米至水变清。

添加水：根据米的种类和所需饭的软硬程度，添加相应水量。水位线标记在内锅内壁。

3. 设置烹饪模式

打开盖子：按下盖子按钮，轻轻打开电饭煲盖子。

放入内锅：将装有米和水的内锅放入电饭煲。

选择烹饪模式：通过触摸屏选择所需的烹饪模式（如白米／糙米／快煮等）。

4. 启动烹饪

按下启动按钮：确认选择的烹饪模式后，按下启动按钮开始烹饪。

5. 烹饪完成后的操作

自动保温：烹饪完成后，电饭煲会自动切换到保温模式。

打开盖子：确保蒸汽完全释放后，打开盖子。

搅拌饭粒：使用附带的饭勺轻轻搅拌饭粒，使其松散。

6. 清洁与保养

清洁内锅：使用完成后，清洁内锅和附件。

储存：确保电饭煲及其配件干燥后存放在干净、干燥的地方。

【插图说明】此处可以插入一系列图示，分别展示电饭煲的各个部件，如开关按钮、内锅、触摸屏界面及量杯和饭勺等，以及每个步骤的操作过程。

请根据小组的创新产品或者身边的产品编写使用方法。

1. 产品准备

（说明产品开始使用前的准备工作，如安装、组装、检查或预热等。）

2. 操作步骤

（按照实际操作的顺序列出步骤。对于每个步骤，明确指出需要操作的部件和执行的动作。）

3. 安全和警告信息

（在关键步骤提供必要的安全提示和警告信息。标明任何可能导致伤害或产品损坏的错误操作。）

4. 结束和清理步骤

（介绍使用后的关闭、清理和储存步骤）

（5）编写故障分析与排除

编写"故障分析与排除"部分需要方便用户在遇到问题时能够快速、有效地诊断和解决问题。要确保所有故障描述和解决方法的准确性，避免提供可能导致误解或进一步损坏的信息。清晰描述故障现象，使用户能够准确判断自己遇到的问题。列举导致该故障的可能原因。为每个可能的原因提供详细的排除步骤。在操作可能存在风险的部分，明确发出安全警告。

参考范例：某品牌洗衣机

1. 故障一：洗衣机不启动

可能原因：电源未接通、门未正确关闭、程序选择错误。

解决方法：

① 确保电源插头已正确插入电源插座。

② 检查洗衣机门是否关闭牢固。

③ 重新选择洗衣程序并尝试重新启动。

2. 故障二：洗衣机漏水

可能原因：水管连接松动、排水管堵塞。

解决方法：

① 检查所有水管连接，确保紧固无泄漏。

② 清理排水管，移除可能的堵塞物。

3. 故障三：洗衣机震动过大

可能原因：洗衣机未水平放置、装载衣物过多或不均匀。

解决方法：

① 调整洗衣机位置，确保其水平稳固。

② 检查洗衣筒内的衣物，确保均匀分布且未超载。

4. 故障四：洗衣机显示错误代码

可能原因：根据显示的错误代码，可能是内部故障或系统错误。

解决方法：

① 参照说明书中的错误代码表进行诊断。

② 尝试重启洗衣机以重置系统。

③ 如果问题仍未解决，联系客户服务中心进行专业维修。

【注意事项】

在尝试任何维修或故障排除前，请先断开电源。

如果故障无法通过上述方法解决，建议联系专业维修人员，避免自行拆解机器造成更严重的损坏或安全风险。

请根据小组的创新产品或者身边的产品编写故障分析与排除。

1. 故障一：

2. 故障二：

（6）编写产品的保养和维修

编写"产品的保养与维修"时，要清楚、准确地描述保养和维修步骤，避免模糊或错误指导。在写常规保养时，列出日常或定期需要进行的保养活动，说明每项保养活动的具体步骤和所需工具或材料。

在写清洁指南时，提供清洁产品和部件的详细指南，包括推荐的清洁剂和方法，强调在清洁时需要注意的安全事项。在写检查和替换部件时，指导用户如何检查重要部件的磨损或损坏。提供更换部件的步骤和推荐的更换周期。在写软件更新和升级（适用于电子产品）时，指导用户如何进行软件更新和升级。

解释更新的重要性，如安全性和性能改善。提供当用户无法自行解决问题时联系专业维修服务的信息。包括服务中心的联系方式和维修流程。

参考范例：某品牌笔记本电脑

1. 保养

（1）清洁

① 定期使用微纤维布轻轻擦拭屏幕和键盘。

② 避免使用含有溶剂的清洁剂，以免损坏屏幕涂层或键盘标签。

（2）软件更新

定期检查并安装操作系统和软件的更新，以确保电脑运行最新版本，提高安全性和性能。

（3）电池维护

① 避免电池完全放电，尽量在电量低于 20% 时充电。

② 如果长时间不使用电脑，请将电池电量维持在 50% 左右。

（4）温度控制

① 避免在高温或低温环境下使用或存放电脑。

② 确保使用电脑时有足够的通风，避免散热孔被遮挡。

2. 维修

（1）硬件故障

① 如遇到硬件问题（如屏幕损坏、键盘失灵），建议联系授权服务中心（××××–×××××××××）进行维修。

② 不建议自行拆卸电脑，以免造成更多损坏或失去保修资格。

（2）软件问题

① 遇到系统崩溃或软件故障，首先尝试重启电脑。

②如果问题持续存在，可以尝试系统恢复或重置。

（3）意外损坏

对于因意外跌落、液体溅射等原因造成的损坏，应立即断电并联系服务中心。

（4）定期专业检查

建议每年至少进行一次专业检查，以确保电脑硬件和软件的最佳运行状态。

请根据小组的创新产品或者身边的产品编写保养与维修。

1. 保养

2. 维修

（7）编写附加信息

编写"注意事项"部分要确保用户在使用产品时能够注意到所有重要的安全和操作方面的细节。清楚、准确地描述所有重要的安全警告和操作注意事项。包括所有关于电气安全、机械操作、化学物质处理等的安全警告。提供在紧急情况下的应对指南，如火灾、泄漏或机械故障。描述在使用产品时需要避免的操作，如超载、错误安装或使用不当。强调正确使用以避免产品损坏。指出不当清洁和维护可能导致的风险。指出产品在特定环境条件下的使用限制，如温度、湿度和天气条件。如果适用，提供儿童、老年人或有特殊需求人士使用产品时的额外注意事项。

注意事项

1. 安全使用

（1）电源和插头

① 在使用前确保电源电压符合产品规格。

② 使用干燥的手插拔电源插头，避免水源和湿气。

（2）操作时

① 在加工器运行时，避免将手或任何器具插入机器内部。

② 确保盖子正确安装和锁定后再开始使用。

（3）清洁与维护

① 断开电源并确保机器完全停止运转后，方可开始清洁和维护。

② 不要将电机底座浸入水中或用流水直接冲洗。

2. 配件使用

① 根据不同食材和所需效果选择合适的刀片或附件。

② 确保附件正确安装并固定在位。

3. 储存和处理

（1）放置

① 在干燥、通风的地方存放食品加工器，远离热源和直射阳光。

② 保持电源线整齐卷绕，避免悬挂或压迫。

（2）儿童和宠物

① 将食品加工器放在儿童和宠物接触不到的地方。

② 在非监督状态下，不要让儿童操作此设备。

请根据小组的创新产品或者身边的产品编写注意事项。

注意事项

根据产品说明书的类型，以上内容的详细程度可能有所不同。

2. 分组汇报

每组推荐一个汇报者，进行展示汇报并总结。

_____

_____

4.3.5 任务评价

每组完成自我评价表，并对其他组进行评价。

班级		组名		日期	年 月 日	
评价指标	评价内容			分数	自评 分数	他评 分数
内容准确性	说明书中的信息是否准确无误，包括技术参数、操作步骤等			20		
完整性	说明书是否包含所有必要部分，如产品概述、使用方法、维护保养、故障分析与排除等			20		
清晰性与逻辑性	信息表达是否清晰，内容组织是否具有逻辑性			15		
安全指导	是否提供了明确的安全指导和警告，特别是在操作和维护部分			15		
视觉辅助材料	是否恰当地使用了插图、表格等视觉辅助材料来增强说明的清晰度			10		
用户友好性	说明书的格式、布局是否便于用户阅读和理解			10		
创新性和原创性	说明书在内容和表达上的创新性和原创性			10		
总分				100		

项目5 专利申请与文件撰写

　　申请人欲取得某项发明创造的专利权，必须以书面形式或电子文件形式向国家知识产权局提出申请，这些提交的文件称作专利申请文件。《中华人民共和国专利法》保护的发明创造包括发明、实用新型和外观设计三种。

　　《中华人民共和国专利法》规定，申请发明或者实用新型专利应当提交请求书、说明书及其摘要和权利要求书等文件；申请外观设计专利的，应当提交请求书、该外观设计的图片或者照片以及对该外观设计的简要说明等文件。

任务5.1　填写专利请求书

5.1.1　任务描述

　　本任务的目标是掌握专利的请求书填写要求，提升专利请求书填写的规范性和准确性。请求书应当写明申请的专利名称，发明人或设计人的姓名，申请人姓名或名称、地址及其他事项。专利请求书有3种类型，分别是发明专利请求书、实用新型专利请求书及外观设计专利请求书。本次任务要求同学们根据项目4产品说明书内容，按照专利查新等要求，明确所申请的专利属于哪一类，然后选择相应类型的专利请求书进行填写，为产品创新设计申请专利保护。

5.1.2 任务目标

1. 知识目标
① 知道专利请求书的 3 种类型。
② 掌握每种专利请求书填写栏目的规范要求。
2. 技能目标
能够按照规范要求进行专利请求书内容填写。
3. 素质目标
从专利请求书填写中激发创新兴趣，树立创新保护意识。

5.1.3 获取信息

引导问题 1： 什么是发明？
_____
_____

引导问题 2： 发明和实用新型的区别是什么？
_____
_____

引导问题 3： 外观设计有什么特点？
_____
_____

引导问题 4： 什么样的发明创造不受专利法保护呢？
_____
_____

5.1.4 任务实施

　　请认真阅读请求书填写注意事项要求，将专利请求书填写完整。以下为实用新型专利请求书，发明专利和外观设计专利请求书见资源包。可扫描下面二维码获得。

请按照"注意事项"正确填写本表各栏			此框由国家知识产权局填写
⑦实用新型名称	申请号 （实用新型） ② 分案提交日		①
			申请号 （实用新型）
			② 分案提交日
⑧发明人	发明人1	□ 不公布姓名	③ 申请日
	发明人2	□ 不公布姓名	④ 费减审批
	发明人3	□ 不公布姓名	⑤ 向外申请审批
⑨ 第一发明人国籍或地区 居民身份证件号码			⑥ 挂号号码
⑩ 申请人	□ 全体申请人请求费用减缴且已完成费用减缴资格备案		
	申请人（1）	姓名或名称	申请人类型
		国籍或注册国家（地区）	电子邮箱
		居民身份证件号码或统一社会信用代码	电话
		经常居所地或营业所所在地信息	经常居所地或营业所所在地	邮政编码
			省、自治区、直辖市	市县
			城区（乡）、街道、门牌号	
	申请人（2）	姓名或名称	申请人类型
		国籍或注册国家（地区）	电子邮箱
		居民身份证件号码或统一社会信用代码	电话
		经常居所地或营业所所在地信息	经常居所地或营业所所在地	邮政编码
			省、自治区、直辖市	市县
			城区（乡）、街道、门牌号	
	申请人（3）	姓名或名称	申请人类型
		国籍或注册国家（地区）	电子邮箱
		居民身份证件号码或统一社会信用代码	电话
		经常居所地或营业所所在地信息	经常居所地或营业所所在地	邮政编码
			省、自治区、直辖市	市县
			城区（乡）、街道、门牌号	
⑪联系人	姓　名	电话	电子邮箱
	省、自治区、直辖市		邮政编码
	市县	城区（乡）、街道、门牌号	

⑫ 代表人为非第一署名申请人时声明			特声明第一署名申请人为代表人	

⑬ 专利代理机构		名称		机构代码	
	代理师（1）	姓 名		代理师（2）	姓名
		执业证号			执业证号
		电 话			电 话

⑭ 分案申请		原申请号	针对的分案申请号	原申请日　　年　月　日

⑮ 要求优先权声明	序号	原受理机构名称	在先申请日	在先申请号
	1			
	2			
	3			
	4			
	5			

⑯ 不丧失新颖性宽限期声明	□ 已在国家出现紧急状态或者非常情况时，为公共利益目的首次公开 □ 已在中国政府主办或承认的国际展览会上首次展出 □ 已在规定的学术会议或技术会议上首次发表 □ 他人未经申请人同意而泄露其内容
⑰ 保密请求	□ 本专利申请可能涉及国家重大利益，请求按保密申请处理 □ 已提交保密证明材料
⑱ 同日申请	□ 声明本申请人对同样的发明创造在申请本实用新型专利的同日申请了发明专利
⑲ 摘要附图	□ 指定说明书附图中的图为摘要附图
⑳ 放弃主动修改权利	□ 申请人声明，放弃专利法实施细则第51条规定的主动修改的权利。

㉑ 申请文件清单 1. 请求书　　　　　页 2. 说明书摘要　　　页 3. 权利要求书　　　页 4. 说明书　　　　　页 5. 说明书附图　　　页 权利要求的项数　　项	㉒ 附加文件清单 □ 优先权转让证明　　　　　　　　份 □ 优先权转让证明中文题录　　　　页 □ 保密证明材料　　　　　　　　　份 □ 专利代理委托书　　　　　　　　份 □ 总委托书备案编号（＿＿＿＿＿＿） □ 在先申请文件副本　　　　　　　份 □ 在先申请文件副本中文题录　　　页 □ 向外国申请专利保密审查请求书　页 □ 其他证明文件（名称＿＿＿＿＿＿）　份

㉓全体申请人或专利代理机构签字或者盖章	㉔国家知识产权局审核意见
年　月　日	年　月　日

实用新型名称		
发明人姓名	发明人 1	
	发明人 2	
	发明人 3	
申请人名称及地址	申请人 1	名称 地址
	申请人 2	名称 地址
	申请人 3	名称 地址

5.1.5　任务评价

每组完成自我评价表。

班级		组名		日期	年 月 日
评价指标	评价内容			分数	分数评定
信息收集能力	能有效利用网络、图书资源查找有用的相关信息			10	
辩证思维能力	能发现问题、提出问题、分析问题、解决问题			15	
参与态度与沟通能力	积极主动地与教师、同学交流，相互尊重、理解、平等			5	
	能处理好合作学习和独立思考的关系，能提出有意义的问题或能发表个人见解			5	
创新能力	创新点的独创性和实用性，以及创新是如何改进产品性能或用户体验的			15	
内容完整性评价	表格填写完整，无遗漏			10	
	名称表述恰当、明确			10	
	名称字数符合要求			10	

班级		组名		日期	年 月 日
评价指标		评价内容		分数	分数评定
素质素养评价		团队合作、课堂纪律、自主研学		10	
汇报表述能力		表述准确、语言流畅		10	
总分				100	

5.1.6 相关知识与技能

1. 发明创造

发明创造是指运用科学知识和科学技术制造出先进、新颖或独特的具有社会意义的事物及方法。科学上的发现，技术上的创新，以及文学和艺术创作，在广义上都属于发明创造活动。

人们利用自然界存在的或者隐含的人类未知原理的科学方法，通过探索、研究、发现、表达、记录或信息传递交流等手段，表述成为口语、书面信息、涂鸦图案或科学技术理论等，或制作成为可以供生存、生活、生产、交流或信息交换的实物产品等，都可以称为发明创造。

2. 可以授予专利权的发明创造

（1）发明

发明是指对产品、方法或者其改进所提出的新的技术方案。发明必须是一种技术方案，是发明人将自然规律在特定技术领域进行运用和结合的结果，而不是自然规律本身。

根据专利法的规定，发明分为产品发明、方法发明两种类型，既可以是原创性的发明，也可以是改进型的发明。产品发明是关于新产品或新物质的发明。方法发明是指为解决某特定技术问题而采用的手段和步骤的发明。

（2）实用新型

实用新型是指对产品的形状、构造或者其结合所提出的适于实用的新的技术方案。产品的形状是指产品所具有的、可以从外部观察到的、确定的空间形状。产品的构造是指产品的各个组成部分的安排、组织和相互关系，它可以是机械构造，也可以是线路构造。实用新型专利只保护部分产品发明，而不保护方法发明。

（3）外观设计

外观设计又称工业产品外观设计，是指对产品整体或者局部的形状、图案或者其结合以及色彩与形状、图案的结合所作出的富有美感并适于工业应用的新设计。外观设计的载体必须是产品，产品是指可以用工业方法生产出来的物品。不能重复生产的手工艺品、农产品、畜产品、自然物不能作为外观设计的载体。一般来讲，产品的色彩不能独立构成外观设计，除非产品色彩变化的本身已形成一种图案。

3.专利法不予保护的对象

（1）违反法律、社会公德或妨碍公共利益的发明创造

用于赌博的设备或工具、吸毒的器具、伪造货币的设备、带有暴力凶杀或伤害民族感情的外观设计等，都不能被授予专利权。

（2）科学发现

科学发现是指对自然界中客观存在的现象、变化过程及其特性和规律的揭示；科学理论是对自然界认识的总结，是更为广义的发现；它们都属于人们认识的延伸。这些被认识的物质、现象、过程、特性和规律不同于改造客观世界的技术方案，不是专利法意义上的发明创造，因此不能被授予专利权。

（3）智力活动的规则和方法

智力活动，是指人的思维运动，它源于人的思维，经过推理、分析和判断产生出抽象的结果，或者必须经过人的思维运动作为媒介才能间接地作用于自然产生结果。例如，交通形成规则、各种语言的语法、速算法或口诀、心理测验方法、各种游戏或娱乐的规则和方法、乐谱、食谱、棋谱、计算机程序等。

（4）疾病的诊断和治疗方法

将疾病的诊断和治疗方法排除在专利保护范围之列，是出于人道主义的考虑和社会伦理的原因。特别说明，药品或医疗器械可以申请专利。

（5）动物和植物品种

动植物是有生命体的物体，是自然生长的，不是人类创造的结果，虽然有人工合成或培育的动植物，但是其品种难以用专利保护。随着现代生物技术的发展，人工合成或培育的动植物不能因为它们是生物而否定其发明创造性，因此对于动植物品种的生产方法可以授予专利权。

（6）原子核变换方法以及用原子核变换方法获得的物质

本条主要指一些放射性同位素，因其与大规模毁灭性武器的制造生产密切相关，不宜被垄断和专有，所以不能授予专利权。同位素的用途、为实现变换而使用的各种仪器设备及各种方法可以得到专利权保护。

（7）对平面印刷品的图案、色彩或者二者结合作出的主要起标识作用的设计

起标识作用的平面设计的主要作用是向消费者披露相关的制造者或服务者，与具体产品无关，属于商标法保护范畴，不能授予专利权。

（8）无法用工业方法生产和复制的产品

如果不能用工业方法进行批量生产和复制的都不能授予专利权。

4.专利请求书填写要求

本项目资源包内包含三种专利请求书表格，发明专利请求书有 28 个栏目，实用新型

专利请求书有 24 个栏目，外观设计专利请求书有 24 个栏目。它们的主要栏目和填写要求基本相同，下面主要以发明专利请求书（见 5.1.4 任务实施）为例，说明各栏目的填写要求和注意事项。

① 发明名称或实用新型名称应当清楚、简明地表达发明创造的主题，一般不得超过 25 个字。外观设计的名称则应当具体、明确反映该产品所属的类别，一般不得超过 20 个字。

② 请求书中的发明创造名称应当与说明书及其他各种申请文件中的发明创造名称一致。

③ 发明人或者设计人必须是自然人。可以是一个人，也可以是多个人，但不能是单位或"××研究所"之类的组织机构。

④ 发明人、设计人姓名由申请人代为填写，但应将填写情况通知发明人、设计人。在有多个发明人或者设计人的情况下，如果排列次序有先后的，应当用阿拉伯数字注明顺序，否则国家知识产权局将按先左后右，再自上而下的次序排列。

⑤ 发明人或者设计人因特殊原因，要求不公布姓名的，应当在"发明人"一栏所填写的相应发明人后面注明"（不公布姓名）"。

⑥ 申请人可以是自然人，也可以是单位。如果是单位，该单位应当是法人或者是可以独立承担民事责任的组织。申请人是单位的，应当写明全称，并与公章中的单位名称一致。

⑦ 申请人申请专利时，办理申请手续有两种方式：一是自己办理；二是委托专利代理机构办理。

⑧ 当专利申请不符合单一性要求时，申请人除应当对申请进行修改使其符合单一性要求外，还可以将申请中包含的其他发明、实用新型或者外观设计重新提出一件或者多件分案申请。分案申请享有原申请（第一次提出的申请）的申请日，如果原申请有优先权要求的，分案申请可以保留原申请的优先权日。申请人提出分案申请的应在请求书中予以声明。

⑨ 申请人同日对同样的发明创造既申请发明专利又申请实用新型专利的，应在请求书上勾选，否则依照《中华人民共和国专利法》关于同样的发明创造只能授予一项专利权的规定处理，即无法通过放弃先获得的且尚未终止的实用新型专利权来获得该发明的专利权。

5. 拓展故事

2023 年 8 月 29 日，经过数年蛰伏、备受外界关注的华为 Mate 60 Pro 直接出现在了华为商城的线上货架中，未开新机发布会便开售。在几乎零宣传的情况下，依然引发了广泛关注和抢购热潮。在 9 月 25 日的华为新品发布会上，主办方虽然没有过多提及 Mate 60 系列，但其依然成为主角，现场观众多次齐呼"遥遥领先"。

2019 年 5 月，美国将华为列入"实体清单"，禁止美国企业向华为出售相关技术和产品。从 5G 芯片到企业资源计划（enterprise resource planning，ERP）系统等软件平台的供应链直接被切断。在此后三年间，华为手机业务遭遇重挫，智能手机出货量从 2019

年的超 2.4 亿部骤降至 2022 年的约 3 000 万部，华为手机从巅峰时期的全球第二跌落至"其他（others）"之列。

不过在这种艰难困局下，华为手机不仅坚持住了，而且和背后的国内供应链一道取得了关键突破，在很多业内人士看来，这件事意义重大。魅族前副总裁李楠就表示，这台手机没必要评测和比较，因为它的意义和价值完全超越了产品层面。

而拆机结果显示，该款手机从屏幕到镜头，几乎都是国产的。根据外媒拆解报告，华为 2019 年旗舰机国产化率在 30%~40%，而华为 Mate 60 Pro 国产化率已达 90% 以上。

华为坚持长期投入研发，重视研究与创新，通过自主创新和技术积累提升自身在 5G 等领域的竞争力。在美国政府的打压政策下，华为不仅没有屈服，反而激发了它追求技术自主创新的动力。截至 2022 年年底，华为在全球持有有效授权专利超过 12 万件，是全球最大的专利持有企业之一（图 5-1），其技术实力和知识产权的优势日益凸显。

图 5-1　华为——全球最大的专利持有企业之一

任务 5.2　撰写专利说明书和说明书摘要

5.2.1　任务描述

说明书是专利申请文件中最长的部分，这是为了具体说明发明或者实用新型的实质内容。我国专利法及其实施细则对说明书规定的内容主要有发明或实用新型的名称、技术领域、背景技术、发明内容、附图说明、具体实施方式等。

摘要是发明专利或实用新型专利说明书内容的简要概括。

本任务是将项目 4 中已完成的创新设计说明书按照专利说明书规范进行修改，完成本项目专利说明书和说明书摘要的撰写。

5.2.2 任务目标

1. 知识目标

① 掌握专利说明书撰写的基本要求。

② 掌握专利说明书撰写的结构和内容及其表述方法。

③ 掌握说明书摘要撰写的要求。

2. 技能目标

① 能够按照规范要求进行专利说明书内容撰写。

② 能够清晰、准确表达设计理念，说明解决的技术问题、解决该技术问题所采用的技术方案和取得的有益效果。

③ 能够使用附图帮助说明发明的技术内容。

3. 素质目标

① 培养从问题出发，寻求解决方案的思维。

② 挖掘创新价值，树立专利转化意识。

5.2.3 获取信息

引导问题 1：专利申请说明书的基本要求有哪些？

_____

_____

_____

_____

引导问题 2：专利申请说明书应包含哪些内容？

_____

_____

_____

引导问题 3：专利申请的说明书附图有什么要求？

_____

_____

_____

_____

引导问题 4： 专利申请的说明书摘要有什么要求？

_____

_____

_____

_____

5.2.4 任务实施

请撰写专利说明书。

内容分解	学生撰写
说明书摘要	
技术领域	
背景技术	
发明或实用新型内容	
附图说明	
具体实施方式	

5.2.5　任务评价

任务评价单			
序号	评价内容	评价指标	评价
1	内容完整性评价	1. 说明书摘要。 2. 技术领域。 3. 背景技术。 4. 发明或实用新型内容。 5. 附图说明。 6. 具体实施方式。	□有 □无 □有 □无 □有 □无 □有 □无 □有 □无 □有 □无
2	图表规范的使用	1. 图形__个、表__个、设计图纸__副。 2. 实物照片。 3. 图片是否清晰。 4. 是否与文本内容相符。	□有 □无 □有 □无 □有 □无
3	技术性描述	1. 优秀：说明书中对于技术性的描述非常明确，清晰。每个设计元素、功能和性能参数的技术点都有详尽的阐述，且能够明确地阐明其相对于现有产品的改进之处或突破之处。技术点描述充满独特的见解和深刻的洞见，体现了强烈的原创性和高度的创新能力。 2. 良好：说明书中的技术性描述较为明确，大部分设计元素、功能和性能参数的技术点都有阐述，但在某些地方可能没有详细地解释其改进之处或突破之处。技术点描述具有一定的原创性和创新能力。 3. 中等：说明书中的技术性描述相对模糊，只对部分设计元素、功能和性能参数的技术点进行了阐述，且对改进之处或突破之处的解释可能较为表面。技术点描述展现了一定的原创性，但创新能力有待提高。 4. 合格：说明书中的技术性描述较为简单，只对少数设计元素、功能和性能参数的技术点进行了阐述，改进之处或突破之处的解释可能较为简略。技术点描述展现了基本的原创性，但创新能力较弱。 5. 不合格：说明书中几乎没有对技术性进行明确的描述，或者对设计元素、功能和性能参数的技术点的阐述极少，且没有解释其改进之处或突破之处。技术点描述缺乏原创性和创新能力。	□优 □良 □中 □合格 □不合格

5.2.6　相关知识与技能

1. 基本要求

① 说明书应当对发明或者实用新型作出清楚、完整的说明，以所属技术领域的技术人员能够据此实施该发明创造为准。说明书应当满足充分公开发明或实用新型的要求。

② 说明书中保持用词一致性，使用技术领域通用的名词和术语。

2. 结构和内容及其表述方法

① 发明或者实用新型的名称，必须与请求书中的名称一致，并清楚、全面地反映要求保护的发明或者实用新型的主题和类型（产品或者方法）。

② 说明书第一部分为技术领域，先用一句话说明要求保护的技术方案所属的技术领域，或直接应用的具体技术领域。

③ 说明书第二部分为所了解到的对理解、检索和审查本发明创造有用或有关的背景技术，并且引证反映这些背景技术的文件。客观地指出背景技术存在的问题或不足。

④ 说明书第三部分为发明或者实用新型的内容，说明所要解决的技术问题、解决该技术问题所采用的技术方案和取得的有益效果。

⑤ 说明书第四部分为附图说明。说明书无附图的，文字部分就不应包括附图说明及相应的小标题。当必须用图来帮助说明发明的技术内容时，应有附图（实用新型必须有附图），对每一幅图作介绍性文字说明。

⑥ 说明书第五部分为实现发明或实用新型的具体实施方式，列出与发明要点有关的参数及条件。

⑦ 说明书第六部分为附图。附图是说明书的一个组成部分，是用来补充说明文字部分的意思表达，目的在于使人能够直观、形象地理解发明或者实用新型的每个技术特征和整个技术方案。实用新型说明书必须有附图。

⑧ 完成说明书摘要。摘要是对说明书内容的简要概括，包含名称、所属技术领域，并清楚地反映所要解决的技术问题、解决该技术问题的技术方案要点及主要用途，以技术方案为主。

3. 参考案例

查找国家知识产权局官网已授权的专利信息，国家知识产权局官网—政务服务—专利审查信息查询，输入发明名称关键词或全称，查询相同领域已授权专利说明书，如图 5-2 所示。

本任务以华为技术有限公司的《可折叠电子设备》实用新型专利为例，如图 5-3 所示，进一步明确专利说明书撰写要求。

图 5-2　专利审查信息查询

图 5-3 《可折叠电子设备》实用新型专利说明书

（1）说明书摘要

本申请实施例提供一种可折叠电子设备，用于改善可折叠电子设备可靠性较差的问题。可折叠电子设备包括折叠结构、柔性显示面板以及支撑结构。折叠结构包括第一转轴、第一结构件、第二结构件、第一连接件和第二连接件，第一连接件用于带动第一结构件向折叠结构的第一侧转动，第二连接件用于带动第二结构件向折叠结构的第一侧转动。柔性显示面板位于折叠结构的第二侧，支撑结构位于折叠结构和柔性显示面板之间，且在折叠结构上的正投影覆盖第一转轴。当可折叠电子设备外折时，支撑结构能够填充第一转轴的段差，提高柔性显示面板的平整性；同时，支撑结构能够支撑柔性显示面板，从而提高柔性显示面板的抗冲击能力，提高可折叠电子设备的可靠性。

（2）技术领域

本申请实施例涉及可折叠电子产品领域，尤其涉及一种可折叠电子设备。

（3）背景技术

手机、电脑等电子设备已经和我们的生活密不可分，不仅在生活中随处可见，且极大地提高了人们的生活水平。随着通信设备技术的迅速发展，电子设备的屏幕显示效果越来越得到重视，然而，电子设备的体积制约了屏幕尺寸的扩大。

相关技术中，为了在较小的电子设备上实现较大的屏幕面积，电子设备可以采用折叠式结构。可折叠电子设备可根据不同使用场景灵活变化切换模式，同时还具有高的占屏比和清晰度，如以可折叠手机为例，手机折叠后可以只有传统手机大小，方便携带，其在平展状态下具有较大的显示面积。然而，相关技术中的可折叠电子设备的可靠性较差。

（4）发明或实用新型内容

本申请实施例的目的在于提供一种可折叠电子设备，用于改善相关技术中的可折叠电子设备的可靠性较差的问题。

为了实现上述目的，本申请实施例提供如下方案：

提供一种可折叠电子设备，包括折叠结构、柔性显示面板以及支撑结构。折叠结构包括第一转轴、第一结构件、第二结构件、第一连接件和第二连接件，第一结构件和第二结构件分别位于第一转轴的两侧，第一连接件和第二连接件分别位于第一转轴的两侧，第一连接件连接于第一转轴和第一结构件之间，第二连接件连接于第一转轴和第二结构件之间，第一连接件用于带动第一结构件向折叠结构的第一侧转动，第二连接件用于带动第二结构件向折叠结构的第一侧转动。柔性显示面板位于折叠结构的第二侧，第二侧与第一侧相对设置，柔性显示面板分别与第一结构件和第二结构件连接。通过上述设置，从而使可折叠电子设备可以处于折叠状态，也即实现可折叠电子设备的外折……

（5）附图说明

附图说明范例如图5-4所示。

> 图1为本申请实施例提供的一种可折叠电子设备的主视图；
> 图2为图1中的可折叠电子设备去除柔性显示面板后的仰视图；
> 图3为图1中的可折叠电子设备的M11处的局部放大图；

图5-4　附图说明范例

（6）具体实施方式

下面将结合本申请实施例中的附图，对本申请实施例中的技术方案进行描述，显然，所描述的实施例仅仅是本申请一部分实施例，而不是全部的实施例……

下面仅以可折叠电子设备——折叠手机为例进行说明。图1（此图为《可折叠电子设备》实用新型专利说明书中的附图）为本申请实施例提供的一种可折叠电子设备01的主视图。如图1所示，可折叠4电子设备01包括折叠结构10和柔性显示面板30。其中，折叠结构10包括相对设置的第一侧和第二侧，柔性显示面板30位于折叠结构10的第二侧，且柔性显示面板30与折叠结构10连接。柔性显示面板30可以用于显示图像。柔性显示面板30可以为有机发光二极管……

4. 拓展故事

2023年，华为正式公布了其4G和5G手机、WiFi6设备和物联网产品的专利许可费率。截至2023年7月，华为已累计签署近200项双边许可协议。2022年华为专利许可收入为5.6亿美元。

华为副总裁、知识产权部部长樊志勇对《中国经营报》记者表示，华为并不是唯一一家愿意分享技术的企业。和其他志同道合的企业一样，华为在积极分享其最具价值发明的同时，也期望我们的知识产权能得到保护。建立一个保护创新者、让创新者得到合理回报并鼓励他们持续创新的良性循环是可持续创新的关键。

合理的专利收费正在帮助华为形成"投入—回报—再投入"的创新正循环。

与研发费用相比，华为的专利收入并不多。樊志勇介绍，2022年华为研发费用支出为 1615 亿元人民币，专利收入 5.6 亿美元（约 40 亿元人民币），专利收入仅占研发费用支出的 2.5%。如果时间跨度拉长，华为近十年累计投入的研发费用达到 9773 亿元人民币，在 2022 年欧盟工业研发投资排行榜上位列第 4。

任务 5.3　撰写权利要求书

5.3.1　任务描述

　　我国专利法规定，专利权的保护范围以被授权的权利要求的内容所限定的范围为准。权利要求书是专门记载权利要求的文件，它包含一项或多项权利要求，是判断他人是否侵权的根据，有直接的法律效力。

　　请撰写一份权利要求书，用知识产权保护自己的发明创造。

5.3.2　任务目标

　　1. 知识目标
　　① 知道权利要求书的法律效力。
　　② 掌握专利要求书撰写的基本要求。
　　③ 掌握专利要求书撰写的结构和内容及其表述方法。
　　2. 技能目标
　　① 能够按照规范要求进行专利要求书内容撰写。
　　② 能够清晰、准确地表达权利要求，学会使用法律保护自己的发明创造。
　　3. 素质目标
　　培养学生保护创新、保护发明创造的意识。

5.3.3　获取信息

引导问题 1：权利要求书有什么作用？

_____

_____

_____

引导问题 2： 专利申请权利要求书的基本要求有哪些？

_____

_____

_____

引导问题 3： 什么是独立权利要求和从属权利要求？

_____

_____

_____

引导问题 4： 专利申请的权利要求书应如何撰写？

_____

_____

_____

_____

5.3.4 任务实施

请撰写权利要求书。

权利要求书

5.3.5 任务评价

任务评价单			
序号	评价内容	评价指标	得分
1	权利要求书规范性评价	1. 权利要求书技术术语与说明书一致。　□有　□无 2. 限定的保护范围与说明书公开的内容相适应。　□有　□无 3. 独立权利要求和从属权利要求撰写规范　□有　□无	
2	撰写描述评价	1. 优秀：权利要求书中对于请求保护的范围的描述非常明确。 2. 良好：权利要求书中对于请求保护的范围的描述较为明确。 3. 中等：权利要求书中对于请求保护的范围的描述相对模糊。 4. 合格：权利要求书中对于请求保护的范围的描述较为简单。 5. 不合格：权利要求书中几乎没有对请求保护的范围的描述 　□优　□良　□中　□合格　□不合格	

5.3.6 相关知识与技能

1. 基本要求

① 权利要求书中可以有化学式、数学式，但不能有插图。权利要求书要以说明书为依据，其权利要求应当得到说明书的支持，以技术特征来清楚、简要地限定请求保护的范围。

② 一项权利要求要用一句话表达，中间可以有逗号、顿号、分号，但不能有句号，以强调其不可分割的整体性和独立性。

③ 权利要求书中使用的技术术语应与说明书中的一致。

2. 撰写方法

本任务以华为技术有限公司的《可折叠电子设备》实用新型专利要求书为例，如图5-5所示，进一步明确权利要求书撰写要求。

（1）独立权利要求按前序部分和特征部分撰写

前序部分：写明要求保护的发明或者实用新型技术方案的主题名称和该项发明或者实用新型与最接近的现有技术共有的必要技术特征。

特征部分：写明发明或者实用新型区别于最接近的现有技术的技术特征，这些特征和前序部分中的特征一起，限定发明或者实用新型要求保护的范围。特征部分应紧接前序部分，用"其特征是……"或者"其特征在于……"等与上文连接。

独立权利要求的前序部分和特征部分应当包含发明或者实用新型的全部必要技术特征，共同构成一个完整的技术解决方案，同时限定发明或实用新型的保护范围。

图 5-5　《可折叠电子设备》实用新型专利权利要求书

例如，"1.一种可折叠电子设备，其特征在于，包括：

折叠结构，所述折叠结构包括第一转轴、第一结构件、第二结构件、第一连接件和第二连接件，所述第一结构件和所述第二结构件分别位于所述第一转轴的两侧，所述第一连接件和所述第二连接件分别位于所述第一转轴的两侧，所述第一连接件连接于所述第一转轴和所述第一结构件之间，所述第二连接件连接于所述第一转轴和所述第二结构件之间，所述第一连接件用于带动所述第一结构件向所述折叠结构的第一侧转动，所述第二连接件用于带动所述第二结构件向所述折叠结构的第一侧转动……"

（2）从属权利要求按引用部分和限定部分撰写

引用部分：写明被引用的权利要求的编号及发明或实用新型主题名称。例如，"根据权利要求 1 所述的可折叠电子设备……"

限定部分：写明发明或者实用新型附加的技术特征。他们是对在前的权利要求中的技术特征进行限定。

（3）同一构思的多项发明或实用新型可以合案申请

一项产品发明和制造该产品的方法发明可以合案申请，这时一般把产品作为权利要求 1，其后跟随若干个产品的从属权利要求，如权利要求 2、权利要求 3……然后再依次排列方法的独立权利要求和方法的从属权利要求。

3.拓展知识

（1）外观设计图片或照片

申请外观设计专利的，要对每件外观设计产品提交不同侧面或者状态的图片或照片，以便清楚、完整地显示请求保护的对象。一般情况应有六面视图（主视图、仰视图、左视图、右视图、俯视图、后视图），必要时还应有剖视图、剖面图、使用状态参考图和立体图。

1）图片

① 图片应清晰，能分辨图中各个细节。

② 图片可以使用包括计算机在内的制图工具和黑色墨水笔绘制，图形线条要均匀、连续、清晰，符合复印或扫描的要求。

③ 图形应垂直布置，并按设计的尺寸比例绘制。横向布置时，图形上部应位于图纸左侧。

④ 图片应参照我国技术制图和机械制图国家标准中有关正投影关系、线条宽度及剖切标记的规定绘制，并以粗细均匀的实线表达外观设计的形状。图形中不允许有文字、商标、服务标志、质量标志及近代人物的肖像。文字经艺术化处理可以视为图案。

⑤ 各向视图和其他各种类型的图，都应当按投影关系绘制，并注明视图名称。

⑥ 组合式产品，应当绘制组合状态下的六面视图，以及每一单件的立体图；可以折叠的产品，不仅要绘制六面视图，同时还要绘制使用状态的立体参考图；内部结构较复杂的产品，绘制剖视图时，可以将内部结构省略，只给出请求保护部分的图形；圆柱型或回转型产品，为了表示图案的连续，应绘制图案的展开图。

⑦ 请求保护色彩的外观设计专利申请，提交的彩色图片应当用广告色绘制。

2）照片

① 照片应清晰、反差适中，要完整、清楚地反映所申请的外观设计。

② 彩色照片中的背衬应与产品成对比色调，以便分清产品轮廓。

③ 照片不得折叠，并应按照视图关系将其粘贴在外观设计图片或照片的表格上，如图 5-6 所示。

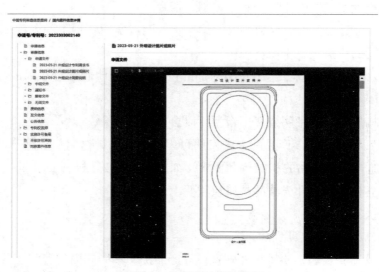

图 5-6　外观设计图片范例

（2）外观设计简要说明

外观设计专利权的保护范围以表示在图片或者照片中的该产品的外观设计为准，简要说明可以用于解释图片或者照片所表示的该产品的外观设计。

简要说明不得有商业性宣传用语，也不能用来说明产品的性能和内部结构。简要说明应包括下列内容。

① 外观设计产品的名称。

② 外观设计产品的用途。写明有助于确定产品类别的用途，对于具有多种用途的产品，应当写明所述产品的多种用途。

③ 外观设计的设计要点。设计要点指与现有设计相区别的产品的形状、图案及其结合，或者色彩与形状、图案的结合，或者部位。对设计要点的描述应简明扼要。

④ 指定一幅最能表明设计要点的图片或者照片。指定的图片或者照片用于出版专利公报。外观设计简要说明范例如图 5-7 所示。

图 5-7　外观设计简要说明范例

（3）费用减缓请求书及其证明

申请人缴纳专利费用确有困难的，可以请求国家知识产权局减缓部分费用，包括申请费、发明专利实质审查费、复审费以及授予专利权当年起 10 年内的年费，如表 5-1 所示。其他各种费用不能减缓（包括与申请费一起缴纳的公布印刷费和申请附加费）。

表 5-1　减缓部分费用

费用减缓的条件		减缴金额
个人	上年度月均收入低于 5 000 元（年收入 6 万元以下）	减缴 85%
企业	上年度企业应纳税所得额低于 100 万元（依据所得税纳税申报表数值）	减缴 85%
两个或两个以上主体	所有申请人均符合费用减缓条件	减缴 70%

办理步骤一：专利业务办理系统注册账号。

专利业务办理系统网址：https://cponline.cnipa.gov.cn/，专利业务办理系统如图 5-8 所示。

图 5-8　专利业务办理系统

企业选"法人注册"，个人选"自然人注册"。下面以企业为例，填写基本信息（企业名称、法人信息、联系方式、邮箱等），如图 5-9 所示。

图 5-9　专利业务办理系统注册信息填写页面

步骤二：注册账号完成后办理费用减缓请求证明，如图 5-10、图 5-11 所示。

图 5-10　注册账号完成后办理费用减缓请求页面（1）

图 5-11　注册账号完成后办理费用减缓请求页面（2）

步骤三：提供享受费用减缓备案证明材料内容（身份证明＋单位盖章）。

1）企业类型备案

① 中华人民共和国企业所得税年度纳税申报表（2023 年 3 月 31 日前备案的可提供 2021 年度的报表，2023 年 4 月 1 日至 2024 年 3 月 31 日备案的可提供 2022 年度的报表），其中报表中第五大项应纳税所得额小于 100 万。

② 企业营业执照副本复印件，加盖单位公章。

2）事业单位或科研院所类型备案

中华人民共和国事业单位法人证书（副本）复印件，加盖单位公章。部队等机构出具相应的组织机构证明。

3）个人备案

① 身份证复印件签字。

② 个人收入证明：上一年度月均收入不超过 5000 元（2023 年 3 月 31 日前可提供 2021 年度的收入证明，2023 年 4 月 1 日至 2024 年 3 月 31 日左右可提供 2022 年度的收入证明），具体可参考模板材料，如图 5-12 所示。

③ 个人收入证明包括：单位出具的盖章证明；退休证明及银行流水；学校出具的在校学生证明等。

个人收入证明

本人（姓名）身份证号为 XXXXXX，系（XXX 单位职工、在校学生、退休人员）个人年收入低于 6 万，月平均收入低于 5000，现请求专利费用减缓，特此证明。

证明单位：

图 5-12　个人收入证明

项目6　创新创业大赛及创业计划书

任务6.1　创新创业大赛

6.1.1　任务描述

"双创"大赛起源于美国,又称商业计划竞赛,是风靡全球高校的重要赛事,是通过比赛的方式激励高校学生把颇具创造力的原始想法有效落地,大赛要求参赛者组成优势互补的竞赛团队,提出一项具有市场前景的技术、产品或服务,并围绕这一技术、产品或服务,以获得风险投资为目的,完成一份完整、具体、深入的创业计划书,并通过书面评审、网评、现场路演等方式决出最后的优秀项目。本任务通过对"双创"比赛的深入解读和对"双创"过往案例的分析,学生可以了解目前高校"双创"的水平和进程,找到自己的定位,并积极行动。

6.1.2　任务目标

1. 知识目标

① 理解并掌握"双创"大赛的赛事解读。

② 理解"双创"大赛的准备过程。

③ 理解并掌握"双创"大赛的评分规则。

2. 技能目标

① 能够摆脱大赛的空白区。

② 结合所学,有意识地寻找合适项目。

3. 素质目标

① 具备勤于思考及分析问题的意识。

② 具备研读大赛的相关文件，了解大赛的具体要求的能力。

6.1.3 获取信息

引导问题 1：什么是中国国际大学生创新大赛？

_____

_____

引导问题 2：什么学籍学历可以报名参加大赛？

_____

_____

引导问题 3：如何选一个有价值的项目？

_____

_____

引导问题 4：如何撰写一份项目介绍书？

_____

_____

6.1.4 任务实施

请撰写一份项目介绍书。

_____ 项目介绍

1. 项目背景

_____

_____

_____

_____

_____

2. 功能介绍

_____

_____

3. 项目意义

6.1.5　任务评价

每组完成自我评价表，并对其他组进行评价。

班级		组名		日期	年 月 日	
评价指标	评价内容			分数	自评分数	他评分数
信息收集能力	能有效利用网络、图书资源查找有用的相关信息			10		
辩证思维能力	能发现问题、提出问题、分析问题、解决问题			15		
参与态度与沟通能力	积极主动地与教师、同学交流，相互尊重、理解、平等			5		
	能处理好合作学习和独立思考的关系，能提出有意义的问题或能发表个人见解			5		
创新能力	创新点的独创性和实用性，以及创新是如何改进产品性能或用户体验的			15		
内容正确度	内容正确，表达到位			30		
素质素养评价	团队合作、课堂纪律、自主研学			10		
汇报表述能力	表述准确、语言流畅			10		
总分				100		

 **6.1.6　相关知识与技能**

1."双创"大赛的解析

目前国内有很多类别的大学生"双创"比赛。纵观各种类别的比赛，比较权威的"双创"比赛有：中国国际大学生创新大赛、"创青春"全国大学生创业大赛、"挑战杯"中国大学生创业计划竞赛、"挑战杯"全国大学生课外学术科技作品竞赛、全国大学生电子商务"创新、创意及创业"挑战赛及高等职业院校"发明杯"大学生专利创新大赛等。

从举办时间、规模、赛制规范性和品牌影响力来看，目前国内比较权威的"双创"比赛是中国国际大学生创新大赛。

以第九届中国国际"互联网＋"大学生创新创业大赛为例，大赛要求参赛项目能够紧密结合经济社会各领域现实需求，充分体现高校在新工科、新医科、新农科、新文科建设方面取得的成果，培育新产品、新服务、新业态、新模式，促进制造业、农业、卫生、能源、环保、战略性新兴产业等产业转型升级，促进数字技术与教育、医疗、交通、金融、消费生活、文化传播等深度融合。

（1）中国国际大学生创新大赛赛制要求

1）比赛三阶段

比赛包括初赛（校赛）、复赛（省赛）、总决赛（国赛）。

2）比赛两环节

每个阶段（含初赛、复赛、总决赛）包括两个环节，即网评（书面评审）和决赛（现场路演答辩）。

① 网评环节：提交材料包括网评版PPT、创业计划书、视频。重点是在网评版PPT，然后是创业计划书，最后才是VCR视频。

② 决赛环节：路演答辩，路演是项目主讲人面向台下评委观众，结合路演PPT、VCR视频或实物演示进行项目展示，一般5～10 min；答辩是项目主讲人演示完项目之后，评委会就项目提出各种问题，届时团队进行回答。

3）注意事项

① 省赛入围现场的项目，至少是省赛银奖。

② 推荐省赛网评的项目不一定是至少省赛铜奖。

③ 通过省赛被推荐到国赛网评的项目，至少是国赛铜奖。

④ 参赛项目应弘扬正能量，践行社会主义核心价值观，真实、健康、合法。不得含有任何违反《中华人民共和国宪法》及其他法律法规的内容。所涉及的发明创造、专利技术、资源等必须拥有清晰合法的知识产权或物权。如有抄袭盗用他人成果、提供虚假材料等违反相关法律法规或违背大赛精神的行为，一经发现即刻丧失参赛资格、所获奖项等相关权利，并自负相应的法律责任。

⑤ 参赛项目只能选择一个符合要求的赛道报名参赛，根据参赛团队负责人的学籍或

学历确定参赛团队所代表的参赛学校，且代表的参赛学校具有唯一性。参赛团队须在报名系统中将项目所涉及的材料按时如实填写提交。已获本大赛往届总决赛各赛道金奖和银奖的项目，不可报名参加本届大赛。

⑥ 参赛人员（不含产业命题赛道参赛项目成员中的教师）年龄不超过 35 岁。

4）网评名额分配

① 各高校推荐参加省赛网评名额的影响因素：上一年国赛、省赛获奖情况（加分项）、本届该校成功报名的项目数量占比全省总数量的情况，以及其他奖励情况。

② 各省推荐参加国赛网评名额的影响因素：上一年国赛获奖情况、本届本省成功报名的项目数量占比全国总报名数量的情况，以及其他奖励情况。

（2）中国国际大学生创新大赛赛道解析

中国国际"互联网 +"大学生创新创业大赛共有高教主赛道、"青年红色筑梦之旅"赛道（以下简称红旅赛道），职教赛道、国际赛道、产业命题赛道和萌芽赛道等六个赛道，国际赛道是针对国外院校和在中国留学生，萌芽赛道针对中学生。除了萌芽赛道外，高职院校的学生可参加各赛道比赛，但职教赛道和红旅赛道 2 个赛道是高职院校学生参赛的主要赛道。

1）职教赛道

职教赛道分中职组和高职组。高职院校的学生只能选择高职组参加比赛，根据在当年全国大赛通知下发之日前是否完成工商登记注册分为创意类和创业类。未完成工商登记注册的只能走创意类，已完成工商登记注册参赛项目的股权结构中，企业法人代表的股权不得少于 1/3，参赛团队成员所持股权比例不得低于 51%。

确定参赛赛道后还要确定项目参赛类型。参赛项目类型可以按照赛道的不同灵活调整，以职教赛道为例，其参赛项目类型包括以下三类。

① 创新类：以技术、工艺或商业模式创新为核心优势。

② 商业类：以商业运营潜力或实效为核心优势。

③ 工匠类：以体现敬业、精益、专注、创新为内涵的工匠精神为核心优势。

但是，参赛项目可以不限于中国国际大学生创新项目，鼓励各类创新创业创造项目参赛，同学们可以根据行业背景选择相应类型报名参赛。

2）高教主赛道

高教主赛道亦称主赛道，以本科高校为主，竞争激烈，一般项目不建议走这一赛道，高教赛道又分为本科生组和研究生组两个组别，每个组别都分别拥有创意组、初创组、成长组。部分参赛要求如下。

① 创意组：参赛项目在大赛通知下发之日前尚未完成工商等各类登记注册。

② 初创组：参赛项目工商等各类登记注册未满 3 年。

③ 成长组：参赛项目工商等各类登记注册 3 年以上。

3）红旅赛道

参加红旅赛道的项目要在推进革命老区、贫困地区、城乡社区经济社会发展等方面有创新性、实效性和可持续性。参加大赛红旅赛道的项目须为参加"青年红色筑梦之旅"活动的项目。根据项目性质和特点，分为公益组、创意组和创业组。红旅赛道是专科学生和本科学生都可以参加的比赛，从历年大赛情况来看高职院校获奖概率较低，福建省这几届每年只有 1 ～ 2 个项目有机会进入现场决赛。

4）产业命题赛道

① 目标任务。

a. 发挥开放创新效用，打通高校智力资源和企业发展需求，协同解决企业发展中所面临的技术、管理等现实问题。

b. 引导高校将创新创业教育实践与产业发展有机结合，促进学生了解产业发展状况，培养学生解决产业发展问题的能力。

c. 立足产业发展，深化新工科、新医科、新农科、新文科建设，校企协同培育产业新领域、新市场，推动大学生更高质量创业就业。

② 命题征集。

a. 本赛道针对企业开放创新需求，面向产业代表性企业、行业龙头企业、专精特新企业等征集命题。

b. 企业命题应聚焦国家"十四五"规划战略性新兴产业方向，倡导新技术、新产品、新业态、新模式。围绕新工科、新医科、新农科、新文科对应的产业和行业领域，基于企业发展真实需求进行申报。

c. 命题须健康合法，弘扬正能量，知识产权清晰，无任何不良信息，无侵权违法等行为。

③ 参赛要求。

a. 本赛道以团队为单位报名参赛，每支参赛团队只能选择一题参加比赛，允许跨校组建、师生共同组建参赛团队，每个团队的成员不少于 3 人，不多于 15 人（含团队负责人），团队负责人须为揭榜答题的实际核心成员。

b. 项目负责人须为普通高等学校全日制在校生（包括本专科生、研究生，不含在职教育），或毕业 5 年以内的全日制学生。参赛项目中的教师须为高校教师。

c. 参赛团队所提交的命题对策须符合所答企业命题要求。参赛团队须对提交的应答材料拥有自主知识产权，不得侵犯他人知识产权或物权。

d. 所有参赛材料和现场答辩原则上使用中文或英文，如有其他语言需求，请联系大赛组委会。

（3）中国国际大学生创新大赛评分解析

高职院校的参赛项目以职教赛道创意组为主，下面主要解析职教赛道创意组项目评审要点（以第九届中国国际"互联网 +"大学生创新创业大赛评审规则为准），其他各赛道各组别的参赛项目可参照最新比赛文件和评审规则，根据相应赛道组别的评分要点来进行项目的优化和参赛材料的准备。职教赛道创意组项目评审要点由教育维度、创新维度、团队维度、商业维度、社会价值维度五大维度对项目进行评审，分值分别为30分、20分、20分、20分和10分。

1）教育维度（30分）

① 项目应弘扬正确的价值观，厚植家国情怀，恪守伦理规范，有助于培育创新创业精神。

② 项目符合将专业知识与商业知识有效结合并转化为商业价值或社会价值的创新创业基本过程和基本逻辑，展现创新创业教育对创业者基本素养和认知的塑造力。

③ 体现团队对创新创业所需知识（专业知识、商业知识、行业知识等）与技能（计划、组织、领导、控制、创新等）的娴熟掌握与应用，展现创新创业教育提升创业者综合能力的效力。

④ 项目充分体现团队解决复杂问题的综合能力和高级思维；体现项目成长对团队成员创新创业精神、意识、能力的锻炼和提升作用。

⑤ 项目能充分体现院校在职业教育建设方面取得的成果；体现院校在项目的培育、孵化等方面的支持情况；体现职普融通、产教融合、科教融汇、多学科交叉、专创融合、产学研协同创新等模式在项目的产生与执行中的重要作用。

2）创新维度（20分）

① 具有原始创意、创造。

② 具有面向培养"大国工匠"与能工巧匠的创意与创新。

③ 项目体现产教融合模式创新、校企合作模式创新、工学一体模式创新。

④ 鼓励面向职业和岗位的创意及创新，侧重于加工工艺创新、实用技术创新、产品（技术）改良、应用性优化、民生类创意等。

3）团队维度（20分）

① 团队的组成原则与过程是否科学合理；团队是否具有支撑项目成长的知识、技术和经验；是否有明确的使命愿景。

② 团队的组织构架、人员配置、分工协作、能力结构、专业结构、合作机制、激励制度等的合理性情况。

③ 团队与项目关系的真实性、紧密性情况；对项目的各项投入情况；创立创业企业的可能性情况。

④ 支撑项目发展的合作伙伴等外部资源的使用以及与项目关系的情况。

4）商业维度（20分）

① 充分了解所在产业（行业）的产业规模、增长速度、竞争格局、产业趋势、产业政策等情况，形成完备、深刻的产业认知。

② 项目具有明确的目标市场定位，对目标市场的特征、需求等情况有清晰的了解，并据此制定合理的营销、运营、财务等计划，设计出完整、创新、可行的商业模式，展

现团队的商业思维。

③ 其他：项目落地执行情况；项目促进区域经济发展、产业转型升级的情况；已有盈利能力或盈利潜力情况。

5）社会价值维度（20分）

① 项目直接提供就业岗位的数量和质量。

② 项目间接带动就业的能力和规模。

③ 项目对社会文明、生态文明、民生福祉等方面的积极推动作用。

（4）中国国际大学生创新大赛参赛建议

很多同学可能看到参赛要求就望而却步，但从赛事的细致分组上看，就是为了鼓励学生从创意萌芽阶段就参加比赛。先创意组，再初创组，最后成长组，也是一个创业项目成长迭代发展过程。因此，同学们要紧跟大赛主题"我敢闯，我会创"，积极思考、勇于尝试，从一个好的创意开始。

"双创"大赛是跨行业、跨院校、跨学科及跨专业的开放式人才培养体系，是一个融合终身学习，快速学习，专业教育和综合素质教育的有机实践平台，是培养大学生综合素质和创新精神的有效手段和重要载体。大赛教育不是简单培养创业过程，而是培养学生具备融合跨界资源能力及拥有多维的视角，是培养学生以企业化运作项目工程的过程，是促进学生的多维创新意识、增进专业技能深广度、提高团队合作、管理沟通和市场营销及财务运营等综合能力，提高可持续发展能力，做好迎接社会市场挑战的准备。

参赛前准备。

① 寻找创新点：在参赛之前，要认真思考自己的创新点和项目的优势。可以从自己所学的专业、实习经验、生活体验等方面入手，寻找到解决问题或满足市场需求的切入点。

② 组建团队：参加大学生创新大赛需要组建一个实力强大的团队，包括技术人才、市场人才、设计人才等。要注意团队的分工明确和成员之间的合作默契。

③ 了解比赛规则和评分标准：在准备参赛之前，要认真阅读比赛规则和评分标准。要明确比赛的重点和评分标准，注重细节和创新点。

④ 制定详细的商业计划书：商业计划书是参加大学生创新大赛的重要文件之一。要在计划书中详细描述自己的项目，包括产品定位、市场分析、营销策略、财务预算等方面，并注重商业模式的可行性和商业效益。

⑤ 提供实际证明：在参赛过程中，要尽可能提供实际证明，包括产品样品、市场调研报告、用户调查结果等。这样可以增加自己的可信度，提高评委的关注度。

⑥ 注重展示和宣传：在比赛中，要注重自己的展示和宣传，包括制作演示文稿、产品宣传册、视频宣传等。这些宣传材料不仅可以帮助自己展示项目的亮点和特色，还可以吸引更多地关注和支持。

⑦ 关注比赛进展和反馈：在比赛结束之后，要认真关注比赛进展和评审反馈。可以从评审反馈中发现自己的不足和提升空间，进一步完善自己的项目和商业计划书。

2."双创"大赛项目参考方向

（1）老龄化服务

中国的老龄化比例逐年升高，为老年人开发服务或产品，不仅具有巨大的市场前景，更能解决社会的痛点需求。如养老服务、健康产品开发、健康膳食、居家监测、老年娱乐产品。

（2）人工智能＋

人工智能（artificial intelligence，AI）技术已经成为各行各业的新增长点，应用前景广阔。如辅助医学、教育、产品设计等方向。

（3）乡村振兴

根据我国战略发展规划，未来五年是属于乡村产业振兴发展的五年，乡村产业存在巨大的机会，好好想一想，可以切入的点非常多，如乡村旅游、农产品加工销售等。

（4）民生方向

民生方向可以以智慧社区为背景，充分围绕家居生活、社区服务等方向，充分解决生活中的具体问题。

（5）环保方向

环保设备、垃圾分类、废弃物品回收利用、环保材料、空气或水净化、污染处理等都是很好的突破点。

（6）非物质文化遗产的传承和保护

非物质文化遗产的传承和保护可以考虑与乡村振兴结合起来。如传统的技艺、手工艺品、医药、美食，甚至美术元素等。

（7）公益项目

公益项目的方向很多，如留守儿童、特殊群体保护及帮扶，也可以与乡村振兴结合起来。

（8）校园创业项目

可以切实解决大学生群体的痛点需求，结合自己的专业知识。如无人机、汽车维保等。

3."双创"大赛引导案例：电子哨兵项目介绍

（1）项目背景

国内看守所的安防设置大多采用塔楼岗哨与在监狱外墙巡逻相结合的方式，如图6-1所示，需要配备大量的武警进行巡逻。尤其是在夜晚等越狱高发时段，人员工作环境恶劣，劳动强度大。犯人一旦成功脱逃，就需要耗费巨大的人力财力进行搜捕，对人民群众的生命财产安全造成严重的威胁，并且犯人脱逃时间越长，再次将其抓捕的难度也就越大。

（2）功能介绍

本项目所研发的电子哨兵能够代替现有哨兵进行站岗、巡逻，对看守所内情况进行实时监控。为满足不同的使用情况，电子哨兵具备以下几种功能。

图 6-1 塔楼岗哨与外墙巡逻图

① 自动巡逻功能。代替原有的执勤人员对看守所进行日常巡逻和全方位的实时监控。

② 自动识别功能。利用先进的图像处理技术自动识别出现在监舍外的异常人员。

③ 自动跟踪功能。利用图像处理技术和控制技术对监舍外的异常人员进行锁定和跟踪并及时进行语音警告。

④ 自动报警技术。对不听劝阻的越限行为向控制中心发送报警信号并上传现场视频信息。

⑤ 自动打击功能。对于出现攀墙等严重越限行为的人员采取必要的打击措施，及时阻止其出逃行为，为武警进行现场处置争取宝贵的时间。

电子哨兵采用模块化设计，并且设置有手动操作模式，武警官兵可以根据现场的实际情况采取合理的处置方法。除以上功能外，电子哨兵系统中还设置有一定的扩展接口，具有良好的可扩展性和延续性。

（3）项目意义

电子哨兵通过自动巡逻和监控对监舍外人员的各种异常行为进行识别、警告和应对，能够有效地减小巡逻官兵的巡防压力，大幅地减少布防官兵数量，加强对看守所越狱行为的监控，避免在押人员出逃等恶劣事件的发生。

任务 6.2　创业计划书

6.2.1　任务描述

创业计划书又称商业计划书（business plan，BP），是一份详尽的商业文档，它不仅明确了企业的愿景、使命和核心价值观，而且还包含了对企业市场定位、竞争分析和市场需求的具体分析，以及对产品或服务特点和差异化的描述。创业计划书也是创业者在拥有一个创意或想法之后，对想法进行梳理后形成的文字形式的文档，撰写一份专业的创业计划书将为成功创业奠定良好的基础，可用于参赛，也可用于展示，更可以用于自我产品发展的思考。在创新创业大赛中创业计划书是参赛的重要文档，也是对创业者、参赛者的商业运作情况的深入了解和检验手段之一。

6.2.2　任务目标

1. 知识目标

① 了解创业计划书的作用。

② 了解创业计划书的结构及内容。

③ 掌握创业计划书的编写。

2. 技能目标

① 能做好撰写计划书前的准备。

② 掌握撰写计划书的框架结构及内容。

3. 素质目标

① 具备勤于思考及分析问题的意识。

② 具备研读计划书撰写的相关文件，了解计划书的具体要求的能力。

6.2.3　获取信息

引导问题 1：什么是创业计划书？一般具有哪些内容？

_____

_____

_____

_____

引导问题 2：如何组成项目团队？

_____

_____

_____

_____

引导问题 3：创业计划书撰写要求有哪些？

_____

_____

_____

_____

6.2.4. 任务实施

请撰写一份创业计划书。

_____ 项目计划书

摘要

_____

_____

_____

_____

_____

（1）执行总结（项目背景、目标规划、市场前景）

_____

_____

_____

_____

_____

（2）市场分析（客户分析、需求分析、竞争分析、技术优势、竞争对手）

_____

_____

_____

_____

_____

（3）公司概述（公司简介、总体战略、人力资源构成、股权结构、企业文化）

_____

_____

_____

_____

（4）市场营销（营销目标、营销模式、产品流动模式）

（5）财务规划（营业费用预算、销售预算、现金流量表、盈亏分析）

（6）风险分析（机遇、风险及策略）

（7）投资策略（股份募资、项目融资）

6.2.5 任务评价

每组完成自我评价表，并对其他组进行评价。

班级		组名		日期	年 月 日	
评价指标	评价内容			分数	自评分数	他评分数
信息收集能力	能有效利用网络、图书资源查找有用的相关信息			10		
辩证思维能力	能发现问题、提出问题、分析问题、解决问题			15		
参与态度与沟通能力	积极主动地与教师、同学交流，相互尊重、理解、平等			5		
	能处理好合作学习和独立思考的关系，能提出有意义的问题或能发表个人见解			5		
创新能力	创新点的独创性和实用性，以及创新是如何改进产品性能或用户体验的			15		
内容正确度	内容正确，表达到位			30		
素质素养评价	团队合作、课堂纪律、自主研学			10		
汇报表述能力	表述准确、语言流畅			10		
总分				100		

6.2.6 相关知识与技能

1.专访报道：改变公司命运的创业计划书

自 2014 年"大众创业、万众创新"首次提出至今，"双创"已成为经济社会发展的主题词之一。天眼查专业版数据显示，据不完全统计，目前全国小微企业数量已达 8 000 万家，大约占到全国企业总数的 70%。

中小企业普遍存在着自有资金不足的现象，如不能转向外源融资，别说是进行企业扩张，连维持生产经营都成问题。如何让"创业江湖"融资不难，如何快速让创业项目在大量方案中脱颖而出，给投资者留下可被投资的深刻印象就至关重要了。

没有商业计划书，就没人跟你谈投资。一份高质量的专业商业计划书可以在"电梯时间"行之有效，让你在 10 s 内抓住对方的注意力，在 30 s 内给对方一份惊喜的商业模型结构。

胡铁，商业计划在线创始人，曾是 IBM 客户经理，MANpower 区域经理，知楼网创始人，乐天下电子总经理。在 2016 年创立商业计划在线，希望在中国创业的江湖里出一份力。下面的实录是《商业情报官》访谈栏目与他聊商海浪潮中为万千企业"摆渡"的那些事儿。

对话实录：

问题：你为什么选择来深圳发展？对深圳有什么感受？

胡铁：我是 2000 年来的深圳，现在已经 21 年了。那时候深圳就已经是全国最好的城市，人往高处走，所以我就来了。

在全国来说的话，深圳这里有对中小微企业发展最好的一个环境。无论是从政府政策、城市的包容性，还是产业的完整性，这里都是全国范围内最好的城市。深圳市政府主导的天使轮基金，投资全国范围内的项目，对整个风投圈是很重要的助力，它直接影响到深圳很多的投资机构关注早期的项目，以前是不具备这么好的环境的。

问题：创立"商业计划在线"项目的机缘是什么？

胡铁：我以前在 IBM 做过 IT，在 MANpower 做过人力资源，做过创业项目，走过资本市场，直到 2015 年开始运行"商业计划在线"项目。当时可以说很有机缘，2015 年下半年我刚退出上一个创业项目，在家里处于赋闲状态。那段时间刚好有不少朋友说要做商业计划书，但缺乏专业的撰写能力，所以我就在很短的时间内做了几份并获得了良好的反馈。这些朋友就怂恿我说"你做的这个东西这么好，是不是可以专门做这个生意？"我也觉得这服务很有价值和意义，就开始了。一份专业的商业计划书，确实可以帮助很多客户成功融到资金。很多小微企业的企业主、创业者没有经验，通过我们的服务，可以让他们真正知道做企业的商业规划和财务预测对一家企业长期发展的意义。

问题：是从什么时候开始出现商业计划书的？

胡铁：零几年的时候国内就开始有了商业计划书的说法，但如果有人说做商业计划书做了二十多年，那肯定是吹牛的。因为二十多年前没这个东西，没有这个说法。之前只有一种书面的报告部分内容跟商业计划书是接近的，叫可行性研究报告。可行性研究报告早先就有，但是商业计划书是从欧美转过来的。在零几年的时候，中国的风投市场才刚刚开始，特别是阿里巴巴的成功让风投市场对中国很有兴趣，那个时候就开始商业计划书的普及了。现在商业计划书的用途已经很普遍，比如，提起融资，以前找投资人谈项目是约饭局聊聊，而现在是先递上一份商业计划书，因为现在大家都讲求效率嘛。

问题：衡量一份商业计划书好坏的标准是什么？

胡铁：这个时代没有商业计划书，就没人跟你谈投资。

商业计划书的本质是沟通工具，通过计划书去告诉别人你心里的想法，从你眼里看到未来的世界。一份好的商业计划书可以保证在商业投资融资沟通中不掉链子，让对方迅速地看到项目亮点和后期路径，帮助双方节约时间，提高沟通效率，这是创业者和投资者之间的共同语言。

问题：如何做好一份商业计划书？这里面关注的重点是哪些？

胡铁：我们在创作每一份商业计划书的时候，都会让自己扮演成项目双方，这样才会有客观的市场分析、详细的产品说明、周密的行动计划、科学的财务预测、合理的企业估值。一份好的商业计划至少要达到三点作用：达到企业融资目的，全面了解项目企业，向合作伙伴提供信息。

商业计划书只是融资的名片和敲门砖，并不能完全决定融资成败，它只是一个必要条件，但绝对不是充分条件。

问题："商业计划在线"解决了哪些核心的问题？

胡铁：对我们来说，商业计划书的赚钱能力是一个专业的事情。那么有两类的客户：一类是他自己并不具备这个能力，另外一类是他自己具备这个能力，但是要付出的成本会更高，比如，需要投入大量的人力资源来做，而我们是专业做商业计划书的，效率会更高，成本也会更低，这就是我们给客户带来的价值。

问题：撰写商业计划书的过程中，是否有碰到棘手的问题？

胡铁：其实每一个项目都不容易，最主要的问题还是沟通，最最困难的问题是沟通不够。比如，我们有一些客户确实很忙，时间不够，但我们也理解，没有一个老板是轻松的。还有一些客户可能会想"既然给你们钱了，那你们就全部给我搞定就行，你不要跟我说那么多。"不愿意花时间跟我们沟通，这个是我们觉得最困难的部分。

那怎么解决这个问题呢？就是不断地，反复地沟通。一方面了解项目方到底想怎么做，未来想成为一个什么样的企业。另一方面在沟通过程中会不停给客户提供建议，包括产品服务、市场商业模式、融资想法等。毕竟我们做商业计划书已经有6年的时间，几乎所有的赛道和商业模式都见过，包括不同规模的企业、公司、个体户等，这就是经验的积累和专业度给我们的底气。

问题："商业计划在线"是如何建立自身服务的核心竞争力呢？

胡铁：打铁还需自身硬，一个企业的核心竞争力最终还是要落到自身的产品和服务上。我们思考的是如何把商业计划书的服务做到更专业，交付得更好，主要是在以下几点上。

行业标杆：我们在6年间编写了上万份行业商业计划书，在导入ISO的标准后，整个出品过程中做到标准化，客户好评如潮。

独家行业研究数据库：不计成本投入IT建设，我们现在的行业数据库基本上囊括了所有行业的数据、所有上市公司的投研报告，包括他们的IPO的申请书资料，这些全部都是我们自己研发的行业数据库，是最全面最科学的数据。

黏性服务：不同阶段的商业计划书的创作方案不同，客户使用我们的服务，后续还会复购相应的增值服务。

优质资源对接：我们跟30多家VC签约合作，在前两月深圳市投资商会把我们评为"十五年杰出贡献会员"。

团队优势：年轻、高知、勤奋、激情，对项目经理的选才尤为严谨。

项目严格保密：每个员工入职都会签项目保密协议，这是我们对客户的承诺，也是基础的职业道德准则。

问题：同为创业者，你觉得企业如何能获得资本的关注和帮助？

胡铁：如果不了解机构的投资逻辑和投资流程，就想得到机构的青睐，结果只会是事倍功半，一无所获。

做企业应该用两条腿走路：一个是在消费市场和客户方面，你要做得更好，就需要不停地去跟同行比较。另一方面是在资本市场脚步不能停，你得不停去接触资本圈的人脉，因为所有的信任关系都需要时间的沉淀。

我比较反对弄虚作假，没有真材实料的模式。对于融资很重要的一个问题，就是企业估值。估值其实跟你手上的筹码是有关系的，而不是靠想象，它靠的是项目架构、商业模式、盈利能力和创始团队等。去虚存实，回归本源才是正道。

问题：你认为投资人和创业者之间是什么样的关系？

胡铁：投资人和创业者应该是朋友关系。投资人是潜在投资者或者说潜在的未来股东。而这一切坚实的基础都是相互信任而不是相互利用，不管对项目方还是对投资人都是一样的道理。只有相互信任才可能走得更远。我们见过太多的反面案例，如果投资人和项目方的关系处理不好的话，会对企业造成致命的伤害。

——深圳新闻网 2021 年 9 月 7 日讯

2. 创业计划书的解析

（1）创业计划书的作用

创业计划书是公司、企业或项目单位为了达到招商融资和其他发展目标，根据一定的格式和内容要求而编辑整理的一个向受众全面展示公司和项目状况、未来发展潜力的书面材料。它是一份全方位的项目计划，其主要意图是递交给投资商，以便于他们能对企业或项目做出评判，从而使企业获得融资。商业计划书有相对固定的格式，它几乎包括反映投资商所有感兴趣的内容，从企业成长经历、产品服务、市场营销、管理团队、股权结构、组织人事、财务、运营到融资方案。只有内容翔实、数据丰富、体系完整、装订精致的商业计划书才能吸引投资商，让他们看懂项目商业运作计划，才能使融资需求成为现实，商业计划书的质量对项目融资至关重要。对已创业或准备创业的创业者来说，创业计划书作用可归纳如下。

1）项目简历

创业计划书投递的目的就是让别人在最短的时间内了解、记住你，并知晓你的特色。所以，需要通过商业计划书介绍自己、展示自己，获取对方的初步信任，才能进行下一步的沟通和洽谈。当然创业计划书并不只是写给投资人的，更是写给自己的，它的撰写不要求语言一定非常练达，也不需要生搬硬套某一固定的创业计划书模板，但不要让别人代笔，因为别人无法代替你思考，没有人比你更清楚自己的创业思路和想法。

所以创业计划书目的要清晰，需要根据你的目的及对方可能关心的问题，有针对性地展现你的优点和优势，让对方对你感兴趣。具体来说，你必须搞清楚以下9个问题。

① 你是谁——如何让我相信你的实力还有人品？

② 团队有谁，怎么分工的——你的管理模式是否靠谱？你的团队能力是否互补？

③ 你是做什么的——你的产品与服务能否让人很快理解？

④ 为什么要做这个——你找对了市场痛点吗？有市场前景吗？

⑤ 你什么地方比对手强——你研究过竞争对手吗？知道如何击败他们吗？

⑥ 这些优势有门槛吗——你的竞争优势对方真的无法短期复制吗？

⑦ 你如何让"优势"与"需求"对接——你有打开市场的渠道吗？

⑧ 你满足这些需求能赚多少——你的成本核算盈利模式成立吗？

⑨ 你能给我的回报及可能的风险？我投资你靠谱吗？

创业计划书是一份详细的事业计划执行书。创业者应该按照计划书中的规划，一步步地去执行。在执行的过程中如果遇到新问题，创业者可以把新的应对方案随时补充到计划书中去。

2）创业融资和邀请书

投资机构的邮箱，几乎每天会接收到大量创业计划书。一份合格的创业计划书的质量和专业性就成了关键。一个好的项目，并不代表着投资人应该知道你，应该投你。

在投资人没有认识你之前，不知道你项目之前，需要一块敲门砖，用来敲开别人家的大门，让他对你感兴趣，最好与你面对面商谈合作事宜。创业计划书就是你开启融资成功大门的敲门砖，也是邀请投资人加入的邀请书。

一份高品质且内容详略得当的创业计划书，能够把项目的优势、经济价值、商业模式等完美地展现出来，使投资者与合作伙伴更快、更好地了解项目，对项目有信心，最终达到双方合作的目的。

3）沟通平台

撰写创业计划书，不仅要介绍企业和项目，更要使用翔实的数据直观展现项目的价值，以及未来的市场前景，从而吸引到投资。专业创业计划书，不但能够描述出公司的成长前景，还要量化潜在的市场盈利能力。对项目的整个过程有一个通盘的策划，并能够提出行之有效的工作计划，这也是创始人、团队之间及与外界投资人良好沟通的重要介质。

一个好的创业计划书是创业者把握企业发展的总纲领，是创业团队及合作者共同奋斗的动力和期望，让创业者对创业项目有清晰的商业逻辑脉络，还可为经营者的经营活动提供依据与支撑。

（2）创业计划书的内容

一般创业计划书应该包括产品（服务）、市场需求、经营能力、行动方针、竞争优势、管理队伍等方面的内容。不同项目的创业计划书的内容会有较大的差异，我们从项目背景、产品介绍、项目优势、商业模式与财务、团队介绍、发展规划等模块来阐述创业计划书的主要内容。

1）项目背景模块

我们从市场概况、痛点分析、解决方案、产品和服务、用户画像、应用场景、技术特点和进展情况八个方面来对项目进行系统的介绍。

① 市场概况：重点说明有利于行业和市场发展的相关政策。可用一句话总结政策的指向性，发文机关是哪个，具体政策及其解读。

② 痛点分析：客户的需求源自痛点，痛点分析是一个项目商业逻辑的起点。因此在创业过程中我们要不断寻找痛点。寻找痛点五问法——谁之痛？真痛假痛？痛得有多深？长痛还是短痛？个体痛还是整体痛？

③ 解决方案：解决方案是解决痛点的药方，是项目的核心。你能发现痛点，但找不到解决方案，也就没有创业项目可言。谁都知道癌症之痛，痛彻心扉，然而解决痛点的药方难找，近几年有不少国赛金奖的项目，如福州大学"美她司酮"项目就是希望在寻求解决癌症痛点药方中取得一些突破或进展。

④ 产品（服务）：产品和服务也就是回答项目做什么的问题，是创业计划书的主体内容。要用最简单、最凝练的语言描述产品或服务是什么？有什么作用？也就是我们提供的是什么样的产品或服务，产品要突出原始创新和技术突破的价值，不鼓励模仿。鼓励项目与高校科技成果转移转化相结合，取得一定数量和质量的创新成果（专利、创新奖励、行业认可等）。这些内容包括：产品或服务的完整名称，产品正处于什么样的发展阶段？它的独特性怎样？企业分销产品的方法是什么？谁会使用企业的产品，为什么？产品的生产成本是多少，售价是多少？企业发展新的产品的计划是什么？

⑤ 用户画像：用一句话说明精准用户是谁，并刻画出你的核心用户，有什么特征？如性别、年龄、地域、教育层次、付费能力、身份背景等方面信息。总之信息越详细，客户定位就会越精准。

⑥ 应用场景：思考用户会在什么情况下使用您的产品或服务？并具体描述出相关的场景。

⑦ 技术特点：您的产品需要什么样的技术来实现，采用什么技术路径？有什么特点？有无技术壁垒？对于技术类的项目，这个点是项目的核心竞争力所在，一定要讲透，讲清楚。技术壁垒是指科学技术上的关卡，即指国家或地区政府对产品制定的（科学技术范畴内的）技术标准，如产品的规格、质量、技术指标等，一般用专利、论文、软著等知识产权来体现，这方面成果全部都要列出来，并将佐证作为附件材料附上去。

⑧ 进展情况：简要说明项目现在进展情况，是处在创意萌芽阶段、还是处于产品研发阶段，或是刚刚落地实施、还是已运营好久并取得较大的成效了。不同阶段的项目计划书撰写时，侧重点也会有所不同。

项目背景： 随着社会都市化进程不断推进，我国人口老龄化问题和城市居民生活封闭性的问题日益突出，根据前期的问卷调查，如图6-2所示，可以发现饲养宠物越来越成为人们的情感寄托和休闲方式，据中国产业信息网的调研报告，指出宠物产业正在蓬勃发展，已达到千亿规模。经过文献研读及技术分析，虽然国内外已有各类宠物洗烘产品，如图6-3所示，但大部分采用开放式或全封闭设计，仍不能很好解决养宠人士遇到的问题及宠物对洗浴环境的烦躁、不安等。

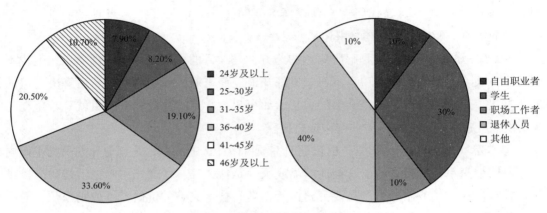

图6-2　饲养宠物人群调查数据分析

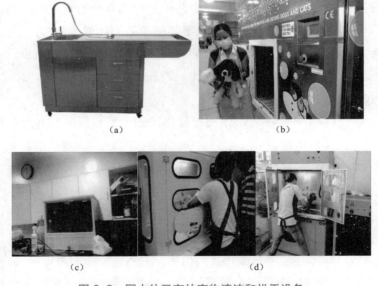

（a）　　　　　　　　　　　　　（b）

（c）　　　　　　　　　　　　　（d）

图6-3　国内外已有的宠物清洁和烘干设备
（a）全开放宠物洗浴机；（b）封闭式宠物洗浴机；（c）全封闭烘干机；（d）宠物自助澡堂机

　　而且从文献检索分析得出，相对于国外宠物产品研究，国内产品在设计理论上还有欠缺，特别在宠物行为心理学上的理论研究不够，主要研究分布在宠物的种类、医疗、食品及美容等基础领域上，很少在宠物产品生产设计上投入研发经费。因此，项目团队独辟蹊径，通过互联网手段，从全新的视角，开发了一款价格低廉、方法便捷、快速高效的半自动化、人机友好的宠物清洁烘干一体机，其目的是降低因护理不便而导致宠物被遗弃的概率，解决养宠人士遇到问题。

① 家居卫生、宠物清洁健康问题——需要不定时清洁护理带来的烦恼，宠物店护理费用高，自己手工清洗存在费时、费力、不安全等因素。

② 宠物毛发及细菌问题——毛发诱发人类过敏性鼻炎、哮喘等疾病，宠物自带感染细菌可致主人患上具有发热和出疹子症状的红斑热病等。

产品原理： 采用半封闭结构、半自动化操作，解决宠物弄脏后的二次清洗，用于辅助宠物清洁，并配有烘干和毛发梳理的功能，解决了人们养宠带来的卫生难题。

2）产品介绍模块

产品介绍作为商业计划书的核心模块，是讲述怎么做。展示解决行业存在痛点或用户需求的路径方法，包括产品功能介绍、设计研发及生产制造等核心环节，是驱动机械专业学生在本学科领域深度创新实践，包含产品的三维结构设计、PLC控制系统设计、可视化模拟仿真及3D打印等。

案例2：智能宠物清洁烘干一体机的结构及电控设计

目前，市面上产品宠物洗烘可以独立解决，但无法解决宠物对洗浴环境的烦躁、不安。而我们的产品充分考虑人宠友好互动，采用半自动化、半开放式及洗烘二合一的设计，其功能除了具备清洗、烘干、消毒、毛发梳理等外，还可作为宠物出行的临时笼子，方便携带、安全保障。因此，项目成员基于机械学科的设计基础知识，采用CREO软件进行产品三维设计，其三维图如图6-4所示。并利用专业课（PLC技术、电工电子技术等）电控原理对产品运行流程PLC设计，其控制系统外部接线示意图如图6-5所示。

图6-4　宠物清洁烘干一体机工程三维图

1—后门；2—扇叶；3—模式调节器；4—轮子；5—外壳；6—透明塑料窗；7—洗涤消毒瓶；8—防水门；9—手柄；
10—拉杆；11—前门；12—清洁按摩梳；13—柔性橡胶圈；14—铰链；15—轨道

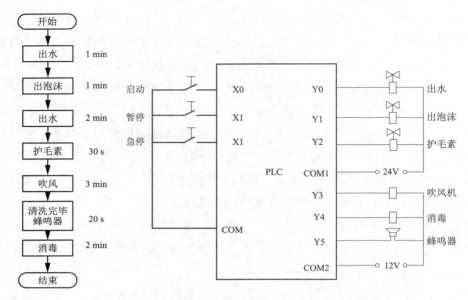

图 6-5　产品运行流程图及控制系统外部接线示意图

① 产品功能虚拟仿真。随着虚拟仿真技术的快速发展，越来越广泛应用在各行各业上，特别是机械设计行业上，可以提前预判产品未来应用场景，论证设计的合理性。项目成员利用 3ds Max 软件对产品进行渲染并对产品功能流程进行虚拟仿真操作，如图 6-6 所示，为后期样机制造提供确切的理论依据。其产品功能流程如下。

图 6-6　产品运行流程虚拟仿真

清洗前的准备：a.设备连接进水管、风管及排水管；b.往皂盒添加沐浴液；c.设备打开，宠物进入后关闭前后门，宠物头部外露；d.通电启动，打开内置音乐让宠物放松，选择半自动化模式进行清洗。

清洗烘干流程：预洗→沐浴液打泡→洗净→干燥机气流按摩。a.预洗：清水从清洁按摩梳的出水孔喷出，冲掉宠物身上的尘土、污垢及润湿毛发。b.沐浴液洗浴：根据所选的模式，沐浴液以慕丝泡泡喷到宠物身上，清洁按摩梳来回运动，在帮宠物洗澡的同时给宠物进行按摩涂匀，发现宠物某些较难清洗掉的污渍时，可以打开进手窗，用宠物清洁手套进行辅助清洗；c.洗净：洗净宠物身上的泡泡，同时可根据需要喷淋护毛素；d.干燥及气流按摩：热风口分别设置在按摩梳、地脚笋及尾部风扇上，宠物可在设备内全方位循环吹干，而且按摩梳起拉毛作用，避免干燥不透。

清洁后：a.有声音提示使用者清洗完毕；b.打开前后门，宠物退出去；c.关闭前后门，设定设备自动清洗消毒模式；d.取出过滤垫，整理皂盒，收回进水管、排水管、风管，将设备放置阴凉通风处。

② 产品3D打印。根据前期的设计和理论计算，完成整体设计，同时在人机工程学和外形美观的前提下，项目团队采用3D打印快速成型技术，对产品进行可视化生成实物，可以作为后期量产技术改良和模具设计的实际依据，也可加快产品上市。其产品3D打印模型如图6-7所示。

图6-7　产品3D打印模型

3）项目商业模式

项目计划模块的内容包括：商业模式、资源合作伙伴、盈利模式、市场营销、运营数据、运营计划、竞品分析、核心竞争力分析、战略规划等方面内容。根据项目情况并不一定要面面俱到，尤其是学生中大部分项目都是属于创意组的项目，很多方面还没有涉及，但无论处在什么阶段的项目，商业模式、盈利模式、市场营销、竞争分析和发展规划都是要有的。

① 商业模式。

第五章的第二节已对商业模式进行了系统的阐述。在进行商业模式探索时，商业画布是一个很好用的工具，如果项目的商业模式画布探索得很清晰，也可以将整个画布放到计划书里。

② 盈利模式。

一句话直接说明盈利点在哪几个方面，并详细说明各项收入主要来自哪个产品或服务，占比多少，短期和长期的盈利情况如何？简要概括公司盈利模式具有哪些优点，简要阐述公司短期的盈利模式特点和公司中长期的盈利模式计划。

③ 市场营销。

市场营销是企业经营成败的关键，错误的营销策略是企业经营失败的主要原因之一。市场营销主要包括的内容：产品、价格、促销、销售与分销。商业计划书中营销计划的部分展示了实现这些目标的具体办法。在创业计划书中，营销策略应包括以下内容：市场机构和营销渠道的选择、营销队伍和管理、促销计划和广告策略、价格决策。

具体来说，你要说明：你的产品定位和品牌策略；现在和未来五年内的营销策略，包括销售和促销的方式、销售通路和销售点的设置方式、产品定价策略、不同销售量水平下的定价方法，以及广告和销售计划的各项成本；还要说明顾客服务体系建制构想和顾客关系管理的运作方式等。

在做市场营销策略时要先做好市场预测。市场预测就是预测你的产品要卖给谁，先界定目标市场在哪里：客户的年龄层？是在既有的市场去服务既有的客户呢？还是在既有市场去开发新客户？还是在新市场去服务既有客户？或是在新市场去开发新客户？

不同的市场、不同的客户都有不同的营销方式。什么叫市场营销？就是先找到客户是谁，然后想办法，让客户从口袋把钱拿出来买你的东西。所以，在做创业计划书的时候，你就要知道：真正的客户在哪里？产品对客户有什么样的利益？要用哪种营销方式？通路是直销还是要找经销商等。

4）竞争分析

在下面三种情况下，要做竞争分析，并时刻留意竞争对手的动向。① 当要创业或要进入一个新市场时，要先做竞争分析；② 当一个新竞争者进入你所经营的市场时要做竞争分析，竞争有时是来自直接的竞争者，有时是来自其他的行业；③ 实际上作为一个创业者，随时随地都要做竞争分析。

竞争分析可以从五个方向去想，分别是：谁是最接近的竞争者？他们的业务如何？你和他们业务相似的程度？你从他们那里学到什么？你如何做得比他们好？在做竞争分析时，要明确自己的核心竞争力在哪里。简要说明公司是如何构筑护城河的，竞争力来源于哪方面？例如，来源于创新的商业模式、人才优势、技术优势、品牌影响力、先发优势还是其他方面？

5）团队介绍

团队介绍可以围绕组织结构、核心人员、指导老师和外部顾问等方面来进行介绍。

关键点就是让投资人或评委专家看到团队成员情况与所要从事的业务相匹配，简单地说就是团队要能够胜任。

对于任何企业来说，人都是最宝贵的资源。在创业计划书中，你还要对主要管理人员加以阐明，介绍他们所具有的能力，他们在本企业中的职务和责任，他们过去的详细经历和背景。此外，还应对公司的结构做一些简要介绍，包括：公司的组织机构图，各部门的功能与责任，各部门的负责人和主要成员，公司的报酬体系，公司的股东名单，公司的董事会成员，各位董事的背景资料等。

此外还要在创业计划书中明确你的团队管理相关事宜。你要弄清楚自己的弱势，创业团队成员之间如何互补？创业团队成员之间的强弱势，彼此间职务及责任如何分工？职责是否界定明确？除了团队本身是否有其他资源可分配和取得？你要知道，中小企业98%的失败来自管理的缺失。对此，你要有深刻认识，并做好充分的准备工作。

6）财务与融资

为了更好地预测和体现企业短期和长期需求，需要制定准确的财务预测。该部分的主要写作内容包括产品经营计划中的财务状况，如产品的售价、销量预测、生产成本、销售成本、研发费用、管理费用、利润、资金支付、边际效益、债务预测、收入税率、存货周期和资产利用率等。以及提供融资后未来3～5年项目预测的资产负债表、损益表、现金流量表等。

财务规划的重点是现金流量表、资产负债表和损益表的制定。流动资金是企业的生命线。因此企业在初创或扩张时，对流动资金需要预先有周详的计划和进行过程中的严格控制。损益表反映的是企业的盈利状况，它是企业在一段时间运作后的经营结果。资产负债表则反映某一时刻的企业状况，投资商可以用资产负债表中的数据得到的比率指标来衡量企业的经营状况及可能的投资回报率。

融资说明中要阐述企业在不同发展阶段对资金的需求，以及资金的用途和预期达到的目标，同时，也要考虑融资金额、企业自身财务状况及有利于企业治理和发展的股权结构等。这部分建议写作内容包括：计划融资的金额，包括资金总需求、融资方式与测算依据等；资金使用计划，包括资金用途、已经完成的投资、新增投资等；资金退出计划，包括资金退出时间和退出方式等。说明这次融资前后的股权结构变化，也需要指出一些关键投资人和经营团队在募资前后的股权数量变化情形。说明这次募资的使用计划，应尽量明确指出资金的具体用途。说明这次募资未来可能的投资报酬，包括回收方式、时机，以及获利情形。

7）发展规划模块

发展规划作为商业计划书的最后模块，是讲述未来怎么做的。展示团队对项目未来的规划和想法，讲述未来1年左右的目标、重点工作、实施路径、财务预测及是否投融资等。该模块训练学生具备预判思维和未来规划的能力，能够应对项目未来存在的风险和产品更新迭代等问题。也可以培养学生保持优良的学习态度和可持续发展的学习能力，敏锐发现问题、解决问题，引导学生合理规划大学生活，树立职业忧患意识和社会责任意识。

案例 3：智能宠物清洁烘干一体机项目未来规划

智能宠物清洁烘干一体机项目未来会以铸造优质宠物设备的品牌商，以专业化、智能化为战略定位，搭建闭环的"商业＋技术"服务模式，并不断充实如市场营销、电子商务、税务及法律等专业人士加入团队。技术上，基于市场反馈数据，不断优化设计概念、提升产品质量、完善服务理念，塑造自我核心竞争力，发挥综合优势，扬长避短，稳中求进。

（3）创业计划书的撰写要求

1）创业计划书撰写步骤

创业计划书并没有固定的模式。必须针对企业的具体情况做出分析，写出真正适合该企业的创业计划书。一般来说，创业计划书的撰写会有如下几个步骤。

第一阶段是经验学习阶段：在这个阶段，你要大量地学习别人的经验，为自己所用。

第二阶段是创业构思阶段：在学习别人经验的基础上，你要开始构思自己的企业，做好撰写计划书的准备工作。

① 主题清楚明了：让投资方快速看明白你要做什么？为什么做？

② 过程简明扼要：让投资方快速看懂你要怎么做？在那里做？

③ 项目可行性：让投资方快速看懂你要怎么盈利？营销对象是谁？

④ 项目壁垒：是否拥有真实产品，可有专利、软著等技术优势？用数据、图表推测未来市场走向、规模、竞品。

第三阶段是市场调研阶段：在这个阶段，要把你的构思付诸实践，用市场调研去证明。

第四阶段是方案起草阶段：调研完市场，你就可以正式落笔撰写创业计划书。

第五阶段是修饰完善阶段：提炼出摘要，放在前面；检查错别字；设计封面编写目录。

第六阶段是最后检查阶段：你可以从各个角度各个层面加以检查，以做最后的改进。

2）创业计划书的基本格式

① 封面。

封面是创业计划书的门面，封面的设计要有审美观和艺术性，同时兼顾内容的表述。一个好的封面会使投资商产生最初的好感，形成良好的第一印象。封面还应该有下面这些内容：公司名称、公司地址、联系方式（电话、电子邮箱）、公司网址、法人代表、保密须知（如有需要时可以具体说明）等。

参加创业大赛的创业计划书封面要根据赛事的要求填写，一般封面内容包括项目名称，精准描述项目的市场定位的一句话（例如，第四届中国国际"互联网+"大学生创新创业大赛总冠军项目，中云智车——未来商用无人车行业定义者；第五届中国国际"互联网+"大学生创新创业大赛总冠军项目，清航装备——改变无人直升机世界格局）。项目组别、项目负责人及联系方式、参赛院校、根据情况有些还可以写上团队成员和指导老师名单等信息。如果企业已有徽标或商标，建议置于封面页。

② 计划摘要。

计划摘要是整个创业计划的高度凝练，浓缩了创业计划书的精华。一般来说，计划摘要涵盖了计划书的要点，以求一目了然，让投资商在最短的时间内评审计划，并做出判断。该部分主要包括的内容：描述企业的理念和企业概况；商机和战略等。在摘要中要把你所创立企业的不同之处和企业获取成功的市场因素展现出来。摘要要尽量简明、生动，不要长篇大论，一般控制在 300 字左右，有些大赛会给出具体的字数要求。

计划摘要写作建议：针对不同的展示对象，如不同背景的投资人等，进行详细深入的研究，找出其关注点或兴趣点，结合内容进行阐述；文字内容的篇幅尽量缩短，控制在 3 页左右；撰写思路要条理清晰、内容客观、逻辑感强，力求给阅读者留下深刻的第一印象。

③ 目录。

根据项目需要，设计一级目录的数量，建议不要超过 6 个。目录尽量在一页之内。

④ 正文。

正文内容主要包括项目介绍、项目计划、团队介绍和财务与融资这四个方面。详见本节创业计划书内容部分。

⑤ 封底。

封底主要包括 LOGO 与品牌名称、公司口号、团队负责人、参赛级别等信息。可以与封面相呼应。

⑥ 附件。

附件材料主要包括专利证书、授权书、合作协议、三张财务报表（现金流量表、资产负债表和损益表）、营业执照、媒体宣传报道、获奖证书等佐证材料。这些佐证材料作为附件放在创业计划书后面，供评委核查。